エクセルで学習する
データサイエンスの基礎

統計学演習

岡

まえがき

本書は，エクセルの操作を通じて初歩的な統計学の概念を理解し，簡単なデータ分析ができるようになることを目的としている．対象とする読者は，統計学の知識をもっていない，そして，エクセルの使用に慣れていない初心者としている．文章による説明は極力減らし，数式についてはなるべくことばに訳して説明していて，中学生や高校生でも十分理解できる内容になっている．はじめてデータサイエンスを学習する際の最初の入門書としても無理がないように，やさしく詳しい記述にしている．

また，本書は，大学での半期の講義に対応するよう，第0章から第14章までで構成されている．第1章以降で，具体的なデータをエクセルで分析しながら統計学の基礎を学習していく．第0章はこのための「準備」として，こんごの学習に必要なエクセルの使い方を確認するためのものである．進度の目安としては，1回90分の講義で1つの章を学習し，半期15回の講義で「第0章から第14章」または「第1章から第14章と復習」を終えることを想定している．

半期分の講義の教科書としての使いやすさや，初心者が独力でもストレスなく学習できる内容であることを最優先にしているので，むだのない厳密な記述であることからはほど遠くなっている．講義時間には限りがあるので，理解に時間がかかると予想される概念（たとえば相関係数など）の定義の記述を省略していることがある．意味や使いどころを押さえたうえで，エクセルでのデータ分析においてそれを適切に使えるようになることをめざしている．また，「初歩的なデータ分析が一通り最低限できること」を優先しているので，ある概念を学習するうえで，それに関して知っておくほうがより深く学べること（たとえば有意性の概念など）についても割愛していることがある．ここで，本書がめざす初歩的なデータ分析についての具体的な内容は，たとえば，資格「ビジネス統計スペシャリスト・エクセル分析ベーシック」を取得するには十分なものである．他方，一度での理解が困難と予想される概念や操作（たとえば相対参照・絶対参照など）については，同じような説明や演習問題がくり返されていることもある．

なお，確認問題，演習問題の解答，および，例題や演習問題で使用するエクセルの元データファイルは近代科学社のサポートページからダウンロードできる．ここで，確認問題とは，第1章から第14章までで学習したことを確認し，復習するための演習問題である．演習問題の解答については，入力するセル番地までもが具体的に指定されていることも多く，解法の一例であることを断っておく．これは本文に記載されている例題の解答についても同様である．

データを活用して現状を把握し，合理的な決定を行うために，あらゆる分野において統計学はなくてはならないものになってきている．本書を通じて，苦痛なく統計学の初歩を学習し，エクセルを用いた実践的なデータ分析ができるようになることを期待している．

2023年5月

岡田 朋子

目次

第4章　分散と標準偏差

第5章　データの標準化

第6章　データの種類とグラフ

第7章　相関係数と近似曲線

第8章　回帰式と予測値

第9章　最適化

第10章　移動平均と季節変動値

第11章　季節調整

第12章　度数分布表とヒストグラム

第13章　集計

第14章　外れ値

第0章
準備

本章では，第１章以降の学習に必要なエクセルでの計算式の入力方法を確認する．特に，オートフィル（自動計算）はよく使うので，これに慣れるよう演習を行う．

また，スピルを使った計算方法も確認する．

第０章で学習すること

1. エクセルに計算式を入力することによって，四則演算を行う．
2. エクセルの表のデータについて，計算式を入力し，合計を求める．そして，オートフィルをする．

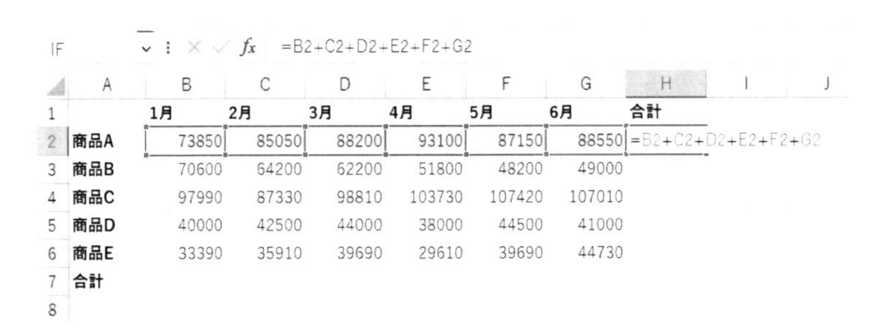

IF　=B2+C2+D2+E2+F2+G2

	A	B	C	D	E	F	G	H	I	J
1		1月	2月	3月	4月	5月	6月	合計		
2	商品A	73850	85050	88200	93100	87150	88550	=B2+C2+D2+E2+F2+G2		
3	商品B	70600	64200	62200	51800	48200	49000			
4	商品C	97990	87330	98810	103730	107420	107010			
5	商品D	40000	42500	44000	38000	44500	41000			
6	商品E	33390	35910	39690	29610	39690	44730			
7	合計									
8										

3. 合計をSUM関数で求める．
4. エクセルの表のデータについて，計算式を入力し，割合を求める．オートフィルする前に，数式中のセル番地の固定したい行番号または列番号の前に「$」記号を付ける．

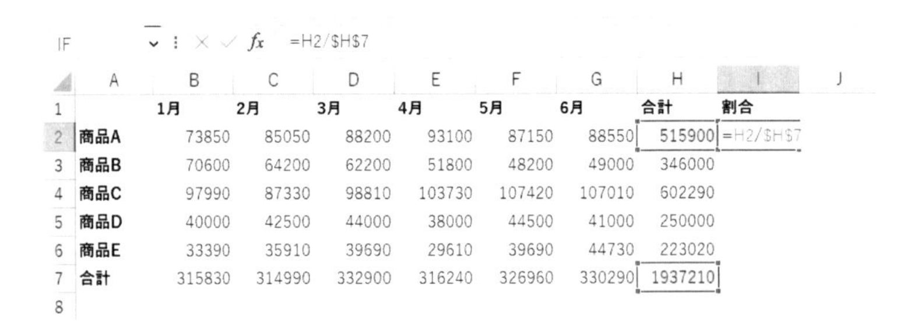

IF　=H2/$H$7

	A	B	C	D	E	F	G	H	I	J
1		1月	2月	3月	4月	5月	6月	合計	割合	
2	商品A	73850	85050	88200	93100	87150	88550	515900	=H2/$H$7	
3	商品B	70600	64200	62200	51800	48200	49000	346000		
4	商品C	97990	87330	98810	103730	107420	107010	602290		
5	商品D	40000	42500	44000	38000	44500	41000	250000		
6	商品E	33390	35910	39690	29610	39690	44730	223020		
7	合計	315830	314990	332900	316240	326960	330290	1937210		
8										

5. データを大きさの順に並べ替える．
6. スピルを使った計算方法を確認する．

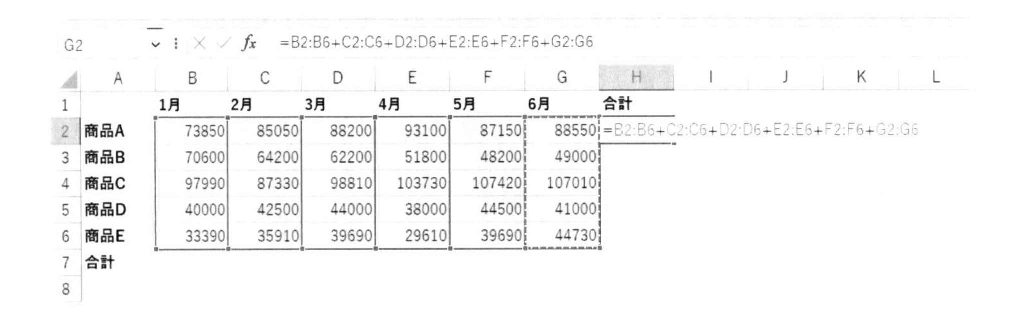

G2　=B2:B6+C2:C6+D2:D6+E2:E6+F2:F6+G2:G6

	A	B	C	D	E	F	G	H	I	J	K	L
1		1月	2月	3月	4月	5月	6月	合計				
2	商品A	73850	85050	88200	93100	87150	88550	=B2:B6+C2:C6+D2:D6+E2:E6+F2:F6+G2:G6				
3	商品B	70600	64200	62200	51800	48200	49000					
4	商品C	97990	87330	98810	103730	107420	107010					
5	商品D	40000	42500	44000	38000	44500	41000					
6	商品E	33390	35910	39690	29610	39690	44730					
7	合計											
8												

0.1 エクセルの計算式

本書では，エクセルを使い，その操作を通じて統計学の基礎を学習していく．その準備として本章では，このさき必要な基本的なエクセルの使い方を確認する．

まずは，エクセルに計算式を入力することにより四則演算ができることを確認しよう．下記のように行う．

- 入力モードを「半角英数字」にしてから入力する
  （入力モードの切り替えは，キーボードの左上にある「半角/全角」キーを押す．「半角/全角」キーを押すたびに，「ひらがな」→「半角英数字」→「ひらがな」の順に入力モードが切り替わる）．
- 最初に「=」を入力してから数式を入力する．
- 「×」は「*」と入力し，「÷」は「/」と入力する．分数も「/」であらわす．
- たとえば「3^2」は「3^2」と入力する．
- たとえば「$\frac{6+9}{3}$」は「$(6+9)/3$」と入力し，かっこが必要．

例題 0.1　計算式を入力する（四則演算）

エクセルに計算式を入力することによって，次の計算を行え．ただし，(1) はセル A1 に，(2) はセル A2 に，...，(13) はセル A13 に求めよ．また，小数第 3 位までで わり切れないときは，ホームタブの（数値グループにある）［小数点以下の表示桁数を減らす］ボタンをクリックすることにより，小数第 3 位まで（小数第 4 位を四捨五入）の表示にせよ．

(1) $297-632+529$　(2) $297-(632+529)$　(3) $589-852\div 12$

(4) $(589-852)\div 12$　(5) $1022\div 73\times 73$　(6) $1022\div(73\times 73)$

(7) $1022\div 73^2$　(8) $1022\div 73\div 73$　(9) $1022\div(73\div 73)$

(10) $1391\div 40\div 35\div 13$　(11) $\frac{1391}{40}\div\frac{35}{13}$

(12) $47+21\div 40-35\div 89-213$　(13) $\frac{47+21}{40}-\frac{35}{89-213}$

【解答】

① まず，入力モードを「半角英数字」にし，各セルに図のように入力する．

② 次に，小数第 3 位までで わり切れていない値が入力されているセル（A4，A6，A7，A8，A10，A11，A12，A13）を選択する（セル A4 を選択したあと，Ctrl キーを押しながらセル範囲 A6:A8，セル範囲 A10:A13 を選択すればいい）．

③ ホームタブの（数値グループにある）［小数点以下の表示桁数を減らす］ボタンを，値が小数第 3 位までの表示になるまでクリックする．すると，図のような結果が得られる（ただし，この場合は見た目が四捨五入されているだけで，セルにはもともとの値が保持されている．見た目だけではなくもともとの値まで四捨五入したいときは ROUND 関数を使えばいい）（解答終わり）．

例題 0.1 の解答

①

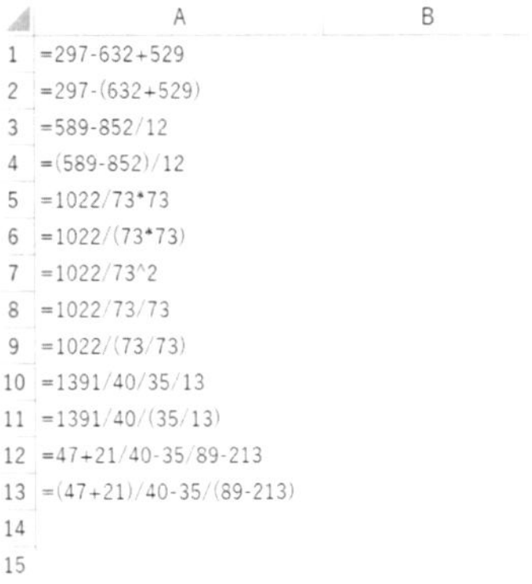

	A	B
1	=297-632+529	
2	=297-(632+529)	
3	=589-852/12	
4	=(589-852)/12	
5	=1022/73*73	
6	=1022/(73*73)	
7	=1022/73^2	
8	=1022/73/73	
9	=1022/(73/73)	
10	=1391/40/35/13	
11	=1391/40/(35/13)	
12	=47+21/40-35/89-213	
13	=(47+21)/40-35/(89-213)	
14		
15		

②

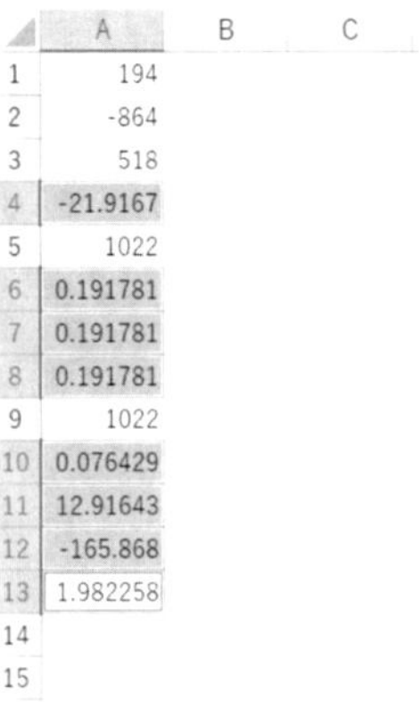

	A	B	C
1	194		
2	-864		
3	518		
4	-21.9167		
5	1022		
6	0.191781		
7	0.191781		
8	0.191781		
9	1022		
10	0.076429		
11	12.91643		
12	-165.868		
13	1.982258		
14			
15			

③

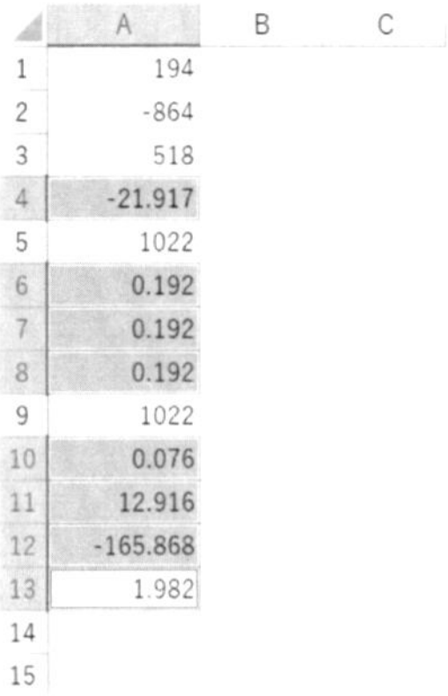

	A	B	C
1	194		
2	-864		
3	518		
4	-21.917		
5	1022		
6	0.192		
7	0.192		
8	0.192		
9	1022		
10	0.076		
11	12.916		
12	-165.868		
13	1.982		
14			
15			

次は，エクセルに計算式を入力することにより，ルートや繁分数の値が求められることを確認しよう．下記のように行う．

- たとえば「$\sqrt{3}$」は「3^(1/2)」，「$\sqrt[3]{5}$」は「5^(1/3)」と入力する．
- たとえば「$\dfrac{6+9}{\frac{1}{3}}$」は「(6 + 9)/(1/3)」と入力し，分母にもかっこが必要．

例題 0.2　計算式を入力する（ルート，繁分数）

エクセルに計算式を入力することによって，次の値を求めよ．ただし，(1) はセル A1 に，(2) はセル A2 に，. . .，(10) はセル A10 に求めよ．また，(2), (4), (6), (8), (9), (10) については，ホームタブの（数値グループにある）［小数点以下の表示桁数を減らす］ボタンをクリックすることにより，小数第 3 位まで（小数第 4 位を四捨五入）の表示にせよ．

(1) $\sqrt{9}$　(2) $\sqrt{2}$　(3) $\sqrt[3]{8}$　(4) $\sqrt[3]{2}$　(5) $\sqrt[5]{32}$

(6) $\sqrt[5]{2}$　(7) $\sqrt{2\times 8}$　(8) $\sqrt[3]{3\times 6\times 9}$　(9) $\dfrac{2}{\frac{1}{2}+\frac{1}{11}}$

(10) $\dfrac{3+3}{\frac{1}{12}+\frac{1}{10}+\frac{1}{10}+\frac{1}{19}+\frac{1}{2}+\frac{1}{16}}$

【解答】

① まず，入力モードを「半角英数字」にし，各セルに図のように入力する．

② そして，セル A2，A4，A6，A8，A9，A10 を選択し，ホームタブの（数値グループにある）［小数点以下の表示桁数を減らす］ボタンを，値が小数第 3 位までの表示になるまでクリックする．すると，図のような結果が得られる（解答終わり）．

例題 0.2 の解答

①

	A	B
1	=9^(1/2)	
2	=2^(1/2)	
3	=8^(1/3)	
4	=2^(1/3)	
5	=32^(1/5)	
6	=2^(1/5)	
7	=(2*8)^(1/2)	
8	=(3*6*9)^(1/3)	
9	=2/(1/2+1/11)	
10	=(3+3)/(1/12+1/10+1/10+1/19+1/2+1/16)	
11		
12		

②

	A	B	C
1	3		
2	1.414		
3	2		
4	1.260		
5	2		
6	1.149		
7	4		
8	5.451		
9	3.385		
10	6.678		
11			
12			

次は，オートフィル（自動入力）について確認しよう．このとき，あわせて使われることの多い「$」記号の使い方も知っておく必要がある．エクセルにおいて「$」は「固定」の意味をあらわす．

例題 0.3　オートフィルを使って計算する

表 0.1 はある店舗における商品別の月ごとの売上金額（単位：円）についてのデータであり，サポートページからダウンロードできる元データ「第 0 章　ファイル 1」にデータ入力されている．このファイルを開き，次の問に答えよ．

例題 0.3.1

セル H1 とセル A7 にそれぞれ「合計」と入力し，H 列（H2 から H6）には各商品についての売上金額の合計をそれぞれ求めよ．また，7 行目（B7 から H7）には各月，そして，合計についての全商品の売上金額の合計をそれぞれ求めよ．

表 0.1　月ごとの売上金額（元データ「第 0 章　ファイル 1」）

	1月	2月	3月	4月	5月	6月
商品A	73850	85050	88200	93100	87150	88550
商品B	70600	64200	62200	51800	48200	49000
商品C	97990	87330	98810	103730	107420	107010
商品D	40000	42500	44000	38000	44500	41000
商品E	33390	35910	39690	29610	39690	44730

【解答】

① セル H1 とセル A7 にそれぞれ「合計」と入力する．

まず，H 列に各商品についての売上金額の合計をそれぞれ求めよう．そのため，入力モードを「半角英数字」にし，セル H2 に「=」を入力する．次に，セル B2 をクリックする．続けて，「+」を入力し，セル C2 をクリックする．同様の作業を続け，「=B2+C2+D2+E2+F2+G2」と入力されたら，Enter キーを押す．

② ふたたびセル H2 を選択し，そのセルの右下あたりにマウスポインタを合わせると，マウスポインタが「＋」の形になる．

③ この状態のままセル H6 まで下にドラッグする（またはダブルクリックする）と，商品 B から商品 E についての合計もそれぞれ自動入力され，たし算で求めることができる．

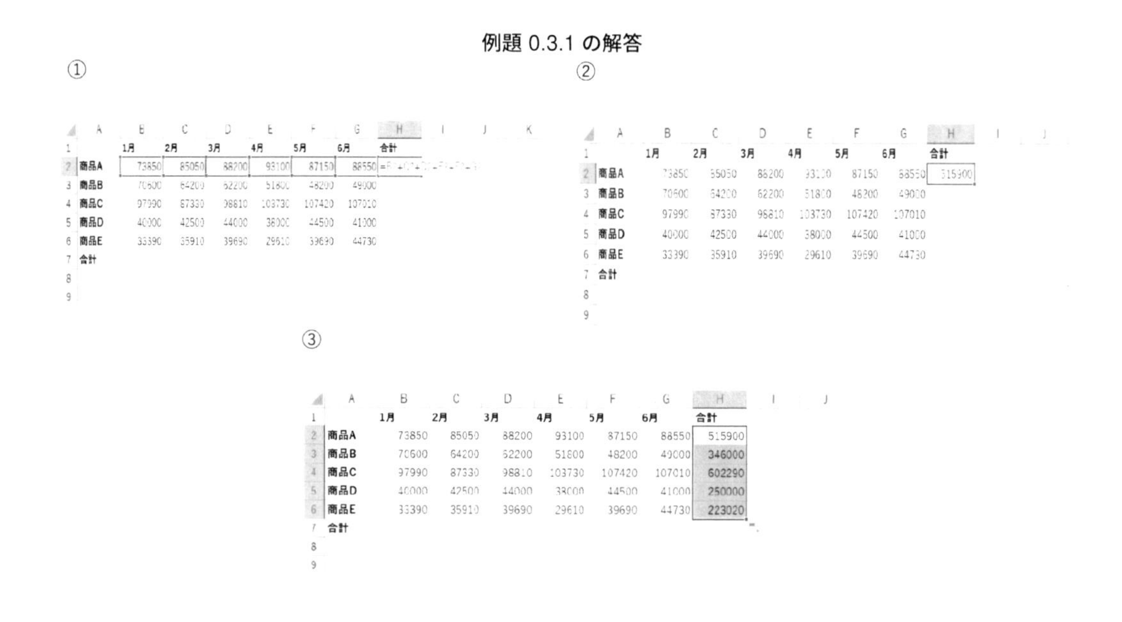

例題 0.3.1 の解答

①

	A	B	C	D	E	F	G	H
1		1月	2月	3月	4月	5月	6月	合計
2	商品A	73850	85050	88200	93100	87150	88550	=B2+C2+D2+E2+F2+G2
3	商品B	70600	64200	62200	51800	48200	49000	
4	商品C	97990	87330	98810	103730	107420	107010	
5	商品D	40000	42500	44000	38000	44500	41000	
6	商品E	33390	35910	39690	29610	39690	44730	
7	合計							

②

	A	B	C	D	E	F	G	H
1		1月	2月	3月	4月	5月	6月	合計
2	商品A	73850	85050	88200	93100	87150	88550	515900
3	商品B	70600	64200	62200	51800	48200	49000	
4	商品C	97990	87330	98810	103730	107420	107010	
5	商品D	40000	42500	44000	38000	44500	41000	
6	商品E	33390	35910	39690	29610	39690	44730	
7	合計							

③

	A	B	C	D	E	F	G	H
1		1月	2月	3月	4月	5月	6月	合計
2	商品A	73850	85050	88200	93100	87150	88550	515900
3	商品B	70600	64200	62200	51800	48200	49000	346000
4	商品C	97990	87330	98810	103730	107420	107010	602290
5	商品D	40000	42500	44000	38000	44500	41000	250000
6	商品E	33390	35910	39690	29610	39690	44730	223020
7	合計							

このように，すでに入力されているセルを参考に，自動的に連続した値や数式などをコピーする機能を**オートフィル**という．

④ 7 行目に計算する合計については，SUM 関数を使ってそれぞれ求めてみよう．そのため，入力モードを「半角英数字」にし，セル B7 に「=su」などと入力する．予測変換で関数の候補の一覧が出てくるので，そこから「SUM」をダブルクリックし選択する．

⑤ すると，「=SUM(」と入力されるので，合計をとるデータの範囲（B2 から B6）をドラッグして選択する．

⑥ Enter キーを押すと，合計 315830（円）が計算される（「=SUM(B2:B6)」と入力される）．

ふたたびセル B7 を選択し，そのセルの右下あたりにマウスポインタを合わせると，マウスポインタが「＋」の形になる．この状態のままセル H7 まで右にドラッグすると，2 月以降についての合計もそれぞれオートフィルされ，SUM 関数で求めることができる（横方向の場合はダブルクリックではオートフィルできない）．

例題 0.3.1 の解答

④

⑤

	A	B	C	D	E	F	G	H
1		1月	2月	3月	4月	5月	6月	合計
2	商品A	73850	85050	88200	93100	87150	88550	515900
3	商品B	70600	64200	62200	51800	48200	49000	346000
4	商品C	97990	87330	98810	103730	107420	107010	602290
5	商品D	40000	42500	44000	38000	44500	41000	250000
6	商品E	33390	35910	39690	29610	39690	44730	223020
7	合計	=SUM(B2:B6						
8		SUM(数値1, [数値2], ...)						

⑥

	A	B	C	D	E	F	G	H
1		1月	2月	3月	4月	5月	6月	合計
2	商品A	73850	85050	88200	93100	87150	88550	515900
3	商品B	70600	64200	62200	51800	48200	49000	346000
4	商品C	97990	87330	98810	103730	107420	107010	602290
5	商品D	40000	42500	44000	38000	44500	41000	250000
6	商品E	33390	35910	39690	29610	39690	44730	223020
7	合計	315830	314990	332900	316240	326960	330290	1937210

例題 0.3.2

セル I1 に「割合」と入力し，各商品についての売上金額の合計が総合計に占める割合を I 列（I2 から I6）にそれぞれ求めよ．また，セル I7 には総合計を総合計でわった値を求めよ（小数第 2 位が四捨五入された小数第 1 位までのパーセント表示にせよ）．

【解答】

① セル I1 に「割合」と入力する．

セル I2 に「=」を入力し，セル H2 をクリックする．続けて，「/」を入力し，総合計が計算されたセル（H7）をクリックする．そして，そのまま F4 キーを押す．すると，「=H2/$H$7」となる（F4 キーを押しても「$」記号が付かない場合は，Fn キー +F4 キーを押す）．「7」の前に「$」記号が付き，「7（行目）」が固定される（「H（列）」は固定する必要がないので，F4 キーを 2 回押し，「=H2/H$7」としてもいい）．

② Enter キーを押したあと，ふたたびセル I2 を選択し，ホームタブの（数値グループにある）［パーセントスタイル］ボタン (%) をクリックする．そして，ホームタブの［小数点以下の表示桁数を増やす］ボタンを，値が小数第 1 位までの表示になるまでクリックする．

これ（セル I2）をセル I7 まで下にオートフィルすると，正しく求められる．

③ ためしに，たとえばセル I3 をダブルクリックして，何が入力されているか確認すると，「=H3/$H$7」となっていることがわかる．

例題 0.3.2 の解答

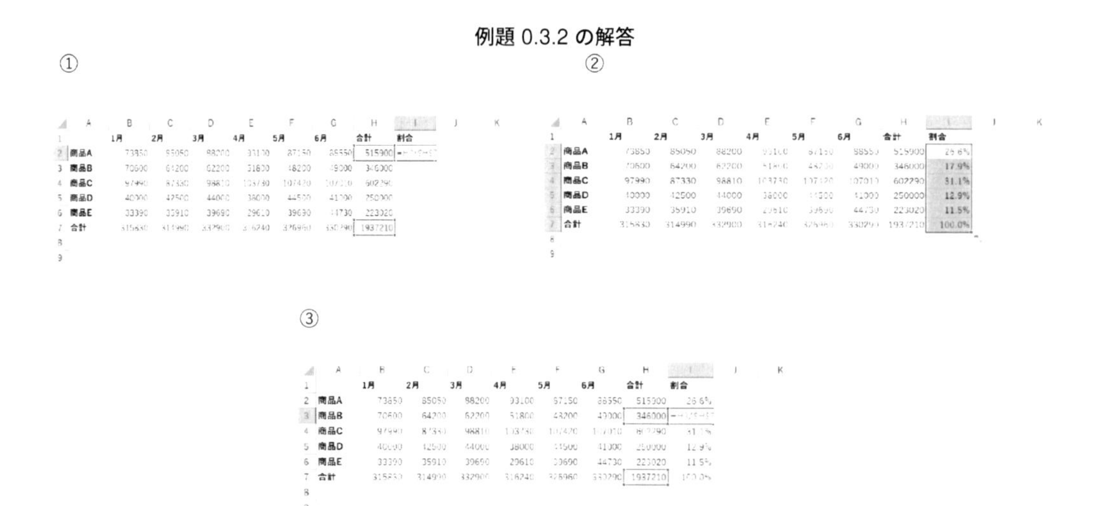

①

	A	B	C	D	E	F	G	H	I	J	K
1		1月	2月	3月	4月	5月	6月	合計	割合		
2	商品A	73850	85050	88200	93100	87150	88550	515900	[illegible]		
3	商品B	70600	64200	62200	51800	48200	49000	346000			
4	商品C	97990	87330	98810	103730	107420	107010	602290			
5	商品D	40000	42500	44000	38000	44500	41000	250000			
6	商品E	33390	35910	39690	29610	39690	44730	223020			
7	合計	315830	314990	332900	316240	326960	330290	1937210			
8											
9											

②

	A	B	C	D	E	F	G	H	I	J	K
1		1月	2月	3月	4月	5月	6月	合計	割合		
2	商品A	73850	85050	88200	93100	87150	88550	515900	26.6%		
3	商品B	70600	64200	62200	51800	48200	49000	346000	17.9%		
4	商品C	97990	87330	98810	103730	107420	107010	602290	31.1%		
5	商品D	40000	42500	44000	38000	44500	41000	250000	12.9%		
6	商品E	33390	35910	39690	29610	39690	44730	223020	11.5%		
7	合計	315830	314990	332900	316240	326960	330290	1937210	100.0%		
8											
9											

③

	A	B	C	D	E	F	G	H	I	J	K
1		1月	2月	3月	4月	5月	6月	合計	割合		
2	商品A	73850	85050	88200	93100	87150	88550	515900	26.6%		
3	商品B	70600	64200	62200	51800	48200	49000	346000	[illegible]		
4	商品C	97990	87330	98810	103730	107420	107010	602290	31.1%		
5	商品D	40000	42500	44000	38000	44500	41000	250000	12.9%		
6	商品E	33390	35910	39690	29610	39690	44730	223020	11.5%		
7	合計	315830	314990	332900	316240	326960	330290	1937210	100.0%		
8											
9											

注意

どの商品についての割合も分母は「合計（H7）」にしないといけない．つまり，セル I2 を下にオートフィルする際に，分母はセル H7 で固定したままにする必要がある．そのため，セル I2 の数式中の「7（行目）」の前に「$」記号を付けていることに注意しよう（列（縦の並び）は下にオートフィルしてもそもそもずれないので，「H（列）」は固定する必要はない．必要はないが，この場合は固定しても問題ない）．

ここで，もし「$」記号を付けずに，「=H2/H7」と入力されているままのセル I2 を下にオートフィルすると，「#DIV/0!」とエラー表示されてしまうことが確認できる．この場合，たとえばセル I3 をクリックして，何が入力されているかを確認すると，「=H3/H8」となっている．オートフィルにより，分子は 1 つ下にずれてセル H3 になり都合がいいが，分母まで 1 つ下にずれてセル H8 になってしまい，空白のセルを指定してしまっているのである（ちなみに「#DIV/0!」は「0 または空白のセルでわること」によるエラーを意味する）．

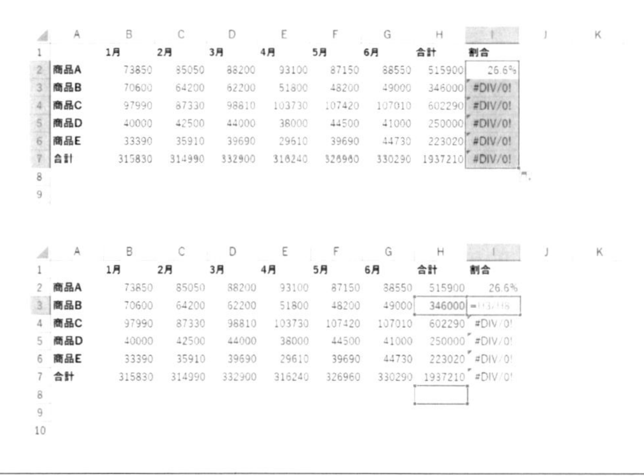

	A	B	C	D	E	F	G	H	I	J	K
1		1月	2月	3月	4月	5月	6月	合計	割合		
2	商品A	73850	85050	88200	93100	87150	88550	515900	26.6%		
3	商品B	70600	64200	62200	51800	48200	49000	346000	#DIV/0!		
4	商品C	97990	87330	98810	103730	107420	107010	602290	#DIV/0!		
5	商品D	40000	42500	44000	38000	44500	41000	250000	#DIV/0!		
6	商品E	33390	35910	39690	29610	39690	44730	223020	#DIV/0!		
7	合計	315830	314990	332900	316240	326960	330290	1937210	#DIV/0!		
8											
9											

	A	B	C	D	E	F	G	H	I	J	K
1		1月	2月	3月	4月	5月	6月	合計	割合		
2	商品A	73850	85050	88200	93100	87150	88550	515900	26.6%		
3	商品B	70600	64200	62200	51800	48200	49000	346000	[illegible]		
4	商品C	97990	87330	98810	103730	107420	107010	602290	#DIV/0!		
5	商品D	40000	42500	44000	38000	44500	41000	250000	#DIV/0!		
6	商品E	33390	35910	39690	29610	39690	44730	223020	#DIV/0!		
7	合計	315830	314990	332900	316240	326960	330290	1937210	#DIV/0!		
8											
9											
10											

例題 0.3.3

H 列に求めた各商品についての売上金額の合計の値が小さい順になるように，データを（行ごと）並べ替えよ．

【解答】

合計が入力されている H 列のどこかのセルを選択した状態で，ホームタブの（編集グループにある）［並べ替えとフィルター］をクリックし，「昇順」を選択すればいい．

例題 0.3.3 の解答

U19 fx

	A	B	C	D	E	F	G	H	I	J
1		1月	2月	3月	4月	5月	6月	合計	割合	
2	商品E	33390	35910	39690	29610	39690	44730	223020	11.5%	
3	商品D	40000	42500	44000	38000	44500	41000	250000	12.9%	
4	商品B	70600	64200	62200	51800	48200	49000	346000	17.9%	
5	商品A	73850	85050	88200	93100	87150	88550	515900	26.6%	
6	商品C	97990	87330	98810	103730	107420	107010	602290	31.1%	
7	合計	315830	314990	332900	316240	326960	330290	1937210	100.0%	
8										

補足

エクセルのバージョンが 2021 以降または Microsoft 365 の場合は，例題 0.3.1，例題 0.3.2 については**スピル**を使って求めることもできる．スピルとは，1 つの数式によって複数の値が求められ，その値が隣のセルにも配置されることをいう．

たとえば，例題 0.3.1 において各商品についての売上金額の合計を求める場合には，セル H2 に「=」を入力したあと，セル範囲 B2:B6 をドラッグして選択する．続けて，「+」を入力し，セル範囲 C2:C6 をドラッグして選択する．同様の作業を続け，「=B2:B6+C2:C6+D2:D6+E2:E6+F2:F6+G2:G6」と入力されたら，Enter キーを押す．すると，一気に求めることができる．

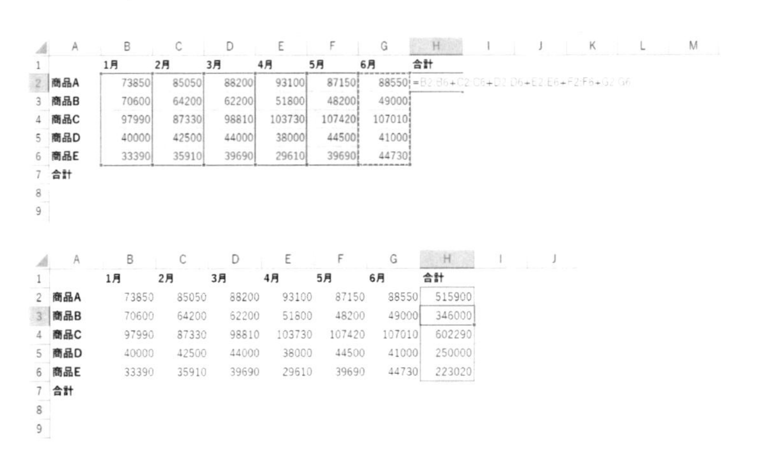

	A	B	C	D	E	F	G	H
1		1月	2月	3月	4月	5月	6月	合計
2	商品A	73850	85050	88200	93100	87150	88550	=B2:B6+C2:C6+D2:D6+E2:E6+F2:F6+G2:G6
3	商品B	70600	64200	62200	51800	48200	49000	
4	商品C	97990	87330	98810	103730	107420	107010	
5	商品D	40000	42500	44000	38000	44500	41000	
6	商品E	33390	35910	39690	29610	39690	44730	
7	合計							

	A	B	C	D	E	F	G	H
1		1月	2月	3月	4月	5月	6月	合計
2	商品A	73850	85050	88200	93100	87150	88550	515900
3	商品B	70600	64200	62200	51800	48200	49000	346000
4	商品C	97990	87330	98810	103730	107420	107010	602290
5	商品D	40000	42500	44000	38000	44500	41000	250000
6	商品E	33390	35910	39690	29610	39690	44730	223020
7	合計							

ここで，セル H2 に入力された「=B2:B6+C2:C6+D2:D6+E2:E6+F2:F6+G2:G6」のような，可変サイズの配列を返すことができる数式を**動的配列数式**とよぶ．

例題 0.3.2 の割合についても，動的配列数式を入力して求めることができる．セル I2 に「=」を入力し，セル範囲 H2:H7 をドラッグして選択する．続けて，「/」を入力し，総合計が計算されたセル（H7）をクリックする．Enter キーを押すと，それぞれの割合を一気に求めることができる．

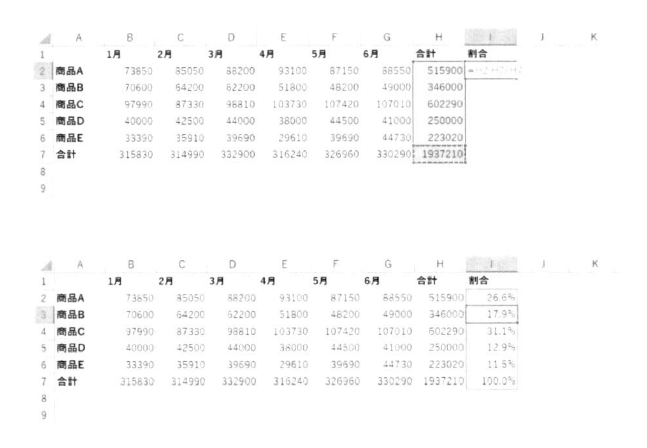

	A	B	C	D	E	F	G	H	I
1		1月	2月	3月	4月	5月	6月	合計	割合
2	商品A	73850	85050	88200	93100	87150	88550	515900	=H2:H7/H7
3	商品B	70600	64200	62200	51800	48200	49000	346000	
4	商品C	97990	87330	98810	103730	107420	107010	602290	
5	商品D	40000	42500	44000	38000	44500	41000	250000	
6	商品E	33390	35910	39690	29610	39690	44730	223020	
7	合計	315830	314990	332900	316240	326960	330290	1937210	

	A	B	C	D	E	F	G	H	I
1		1月	2月	3月	4月	5月	6月	合計	割合
2	商品A	73850	85050	88200	93100	87150	88550	515900	26.6%
3	商品B	70600	64200	62200	51800	48200	49000	346000	17.9%
4	商品C	97990	87330	98810	103730	107420	107010	602290	31.1%
5	商品D	40000	42500	44000	38000	44500	41000	250000	12.9%
6	商品E	33390	35910	39690	29610	39690	44730	223020	11.5%
7	合計	315830	314990	332900	316240	326960	330290	1937210	100.0%

ただし，このようにスピルを使って計算すると，例題 0.3.3 のような並べ替えはできない．また，スピルによって計算された配列の中の一部のセルだけ別の数式に書きかえることもできないことにも注意しよう．
以降では，あるセルで行われている計算がどのようなものかを把握しやすくするためにも，スピルを使わなくても計算できるようになることを目標とする．

例題 0.4　行番号または列番号を固定してオートフィルをする

表 0.2 はある店舗における商品別の定価についてのデータであり，サポートページからダウンロードできる元データ「第 0 章　ファイル 2」にデータ入力されている．セル C1 に「90%」，セル D1 に「70%」，セル E1 に「50%」とそれぞれ入力し，各商品の定価に 90%（セル C1）をかけたものを C 列（C2 から C6）に，各商品の定価に 70%（セル D1）をかけたものを D 列（D2 から D6）に，そして，各商品の定価に 50%（セル E1）をかけたものを E 列（E2 から E6）にそれぞれ計算せよ．セル C2 のみに計算式を入力し，他はオートフィルによって求めよ．

表 0.2　商品別の定価（元データ「第 0 章　ファイル 2」）

	定価（円）
商品A	350
商品B	200
商品C	410
商品D	500
商品E	630

【解答】

① セル C1 に「90%」，セル D1 に「70%」，セル E1 に「50%」とそれぞれ入力する．

入力モードを「半角英数字」にし，セル C2 に「=」を入力する．商品 A の定価が入力されているセル（B2）をクリックし，そのまま F4 キーを 3 回押す．すると，「B」の前に「$」記号が付き，「B（列）」が固定される．続けて，「*」を入力し，「90%」が入力されているセル（C1）をクリックする．そのまま F4 キーを 2 回押し，数式中のセル C1 の「1（行目）」を固定する．「=$B2*C$1」と入力されていることを確認し，Enter キーを押す．
② セル C2 を下にオートフィルし，そのまま（セル範囲 C2:C6 が選択されている状態で）セル範囲の右下あたりにマウスポインタを合わせると，マウスポインタが「+」の形になる．
③ この状態のまま右にドラッグしオートフィルすれば，正しく求められる．
④ ためしに，たとえばセル D3 をダブルクリックして，何が入力されているか確認すると，「=$B3*D$1」となっていることがわかる．

例題 0.4 の解答

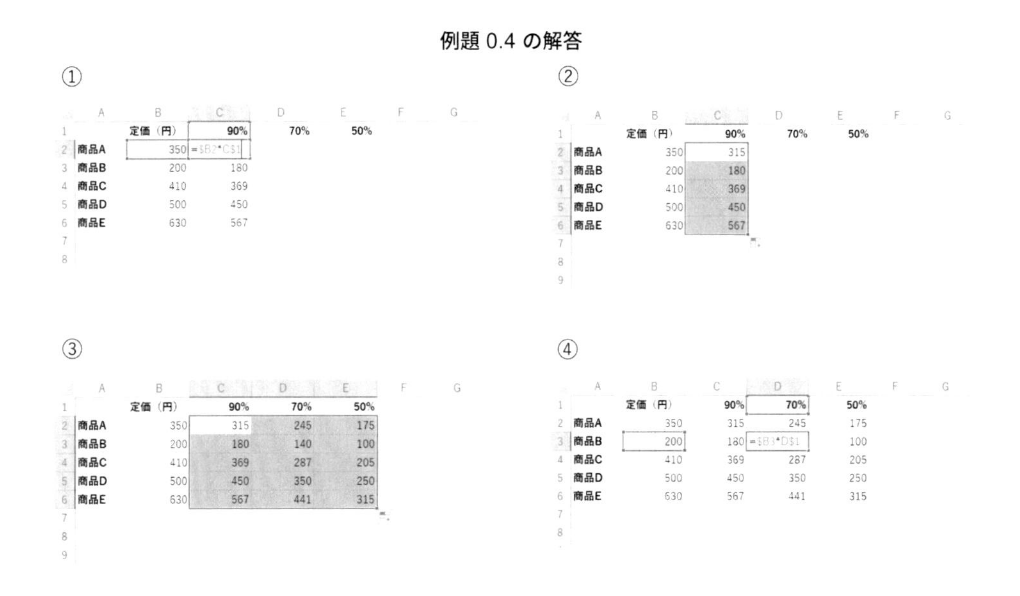

注意

セル C2 の計算式において，もし「B（列）」の前に「$」を付けない状態（「=B2*C$1」）で右にオートフィルすると，「=B2*C$1（定価 ×90%）」の中の「B 列（定価）」が右にずれてしまい，「C 列」，「D 列」と変化してしまう．右にオートフィルしてもかけ算の中の「定価」は固定したいので，「B（列）」を固定しないといけないのである．
一方，「C（列）」の前の「$」は不要である．もしここに「$」を付けた状態（「=$B2*$C$1」）で右にオートフィルすると，「=$B2*$C$1（定価 ×90%）」の中の「C1（90%）」が固定されてしまい，D 列でも E 列でも定価に 90% をかけることになってしまう．「C（列）」の前の「$」がなければ，右にオートフィルするときに定価にかけるものも右にずれ，「70%」，「50%」と変化してくれるのである．

0.2 演習問題

問題 0.1

表 0.3 はあるクラスにおける小テスト 1 の点数，小テスト 2 の点数，そして，定期試験の点数についてのデータであり，サポートページからダウンロードできる元データ「第 0 章 ファイル

3」にデータ入力されている．このファイルを開き，次の問に答えよ．

表 0.3　試験結果（元データ「第 0 章　ファイル 3」）

番号	小テスト 1	小テスト 2	定期試験
1	84	41	40
2	69	72	40
3	66	60	44
4	99	23	52
5	63	58	52
6	45	3	12
7	76	25	72
8	99	50	92
9	81	58	48
10	81	41	44
11	45	26	52
12	99	53	68
13	96	9	48
14	72	56	20
15	75	41	68
16	66	58	92
17	69	9	56
18	84	91	100
19	87	29	24
20	75	52	84

問題 0.1.1

セル E1 に「20%」，セル F1 に「30%」，セル G1 に「50%」とそれぞれ入力し，「小テスト 1 の点数に 20%（セル E1）をかけたもの」を E 列（E2 から E21）に，「小テスト 2 の点数に 30%（セル F1）をかけたもの」を F 列（F2 から F21）に，そして，「定期試験の点数に 50%（セル G1）をかけたもの」を G 列（G2 から G21）にそれぞれ計算せよ．セル E2 のみに計算式を入力し，他はオートフィルによって求めよ．

問題 0.1.2

セル H1 に「合計」と入力し，「小テスト 1 の点数に 20% をかけたもの」，「小テスト 2 の点数に 30% をかけたもの」，そして，「定期試験の点数に 50%（セル G1）をかけたもの」の合計を H 列（H2 から H21）にそれぞれ計算せよ．

問題 0.1.3

H 列に求めた合計の値が大きい順になるようにデータを（行ごと）並べ替えよ．

問題 0.2

サポートページからダウンロードできる元データ「第 0 章 ファイル 4」のファイルを開き，セル B2 のみに計算式を入力し，オートフィルを使ってかけ算の表をつくれ（表 0.4）.

表 0.4　かけ算の表（元データ「第 0 章　ファイル 4」）

	1	2	3	4	5	6	7	8	9	10	11	12
1	1	2	3	4	5	6	7	8	9	10	11	12
2	2	4	6	8	10	12	14	16	18	20	22	24
3	3	6	9	12	15	18	21	24	27	30	33	36
4	4	8	12	16	20	24	28	32	36	40	44	48
5	5	10	15	20	25	30	35	40	45	50	55	60
6	6	12	18	24	30	36	42	48	54	60	66	72
7	7	14	21	28	35	42	49	56	63	70	77	84
8	8	16	24	32	40	48	56	64	72	80	88	96
9	9	18	27	36	45	54	63	72	81	90	99	108
10	10	20	30	40	50	60	70	80	90	100	110	120
11	11	22	33	44	55	66	77	88	99	110	121	132
12	12	24	36	48	60	72	84	96	108	120	132	144

第1章

平均値

本章ではまず，データの中心的傾向を示す代表値の中でも最もよく知られている相加平均値について求め方や特徴を確認する．また，相加平均値以外の平均値である幾何平均値，調和平均値についてもそれぞれ求め方や使いどころを確認する．

そして，エクセルの表のデータについて，オートフィルを使って相加平均値を求める演習を行う．

第1章で学習すること

1. 平均値（相加平均値）とは何かを知る.
2. エクセルを使い，データの合計をデータの個数でわることによって平均値（相加平均値）を求める.

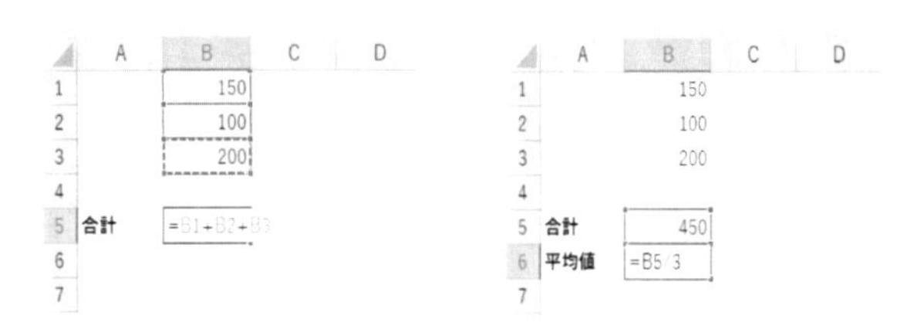

3. 平均値（相加平均値）を AVERAGE 関数で求める.

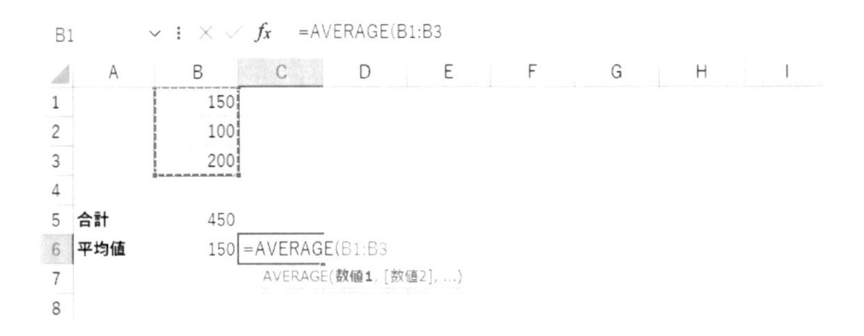

4. エクセルの表のデータについて，AVERAGE 関数で平均値（相加平均値）を求める（オートフィルを使う）.

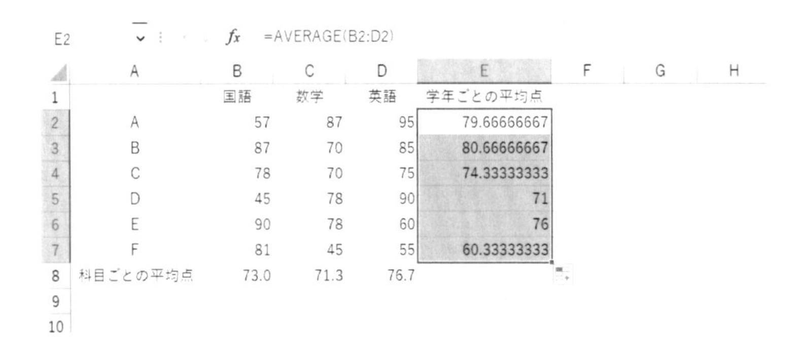
E2　fx　=AVERAGE(B2:D2)

	A	B	C	D	E
1		国語	数学	英語	学年ごとの平均点
2	A	57	87	95	79.66666667
3	B	87	70	85	80.66666667
4	C	78	70	75	74.33333333
5	D	45	78	90	71
6	E	90	78	60	76
7	F	81	45	55	60.33333333
8	科目ごとの平均点	73.0	71.3	76.7	

5. 幾何平均値と調和平均値を使うべきケースをそれぞれ例で考える.

1.1 代表値

ある対象についての情報，つまり，**データ**は収集して記録しただけでは数値や文字列の羅列にすぎず，それらを眺めているだけでは特徴や傾向をつかむことはむずかしい．そこで，データを整理するための手法を使い，データを適切に分析することが重要になってくる．それにより，データを要約，説明したり，また，まだ得られていないデータについて予測したりすることもできるようになる．

収集されているデータの特徴をつかんだり傾向を把握したりするために，その特徴を数値であらわしたものを**基本統計量**という．基本統計量という1つの数値によって，データの特徴を要約しようとするのである．たとえば，「標準偏差」は「各データが平均値とどれくらい離れているかをあらわす1つの数値であり，データのばらつき度のようなもの」という基本統計量である．

基本統計量の中で，データの中心的傾向をあらわす値である**代表値**は，いわば，データを代表する値である．代表値として，平均値，中央値，そして，最頻値などが使われる．平均値についてはこの章で，中央値と最頻値については第2章で学習する．

なお，平均値にはいろいろな算出方法（定義式の種類）があるが，以下，単に平均値と記すときは相加平均値のことを指すこととする．

1.2 平均値

平均値（相加平均値）とは，「データの合計をデータの個数でわったもの」である．つまり，

$$\textbf{平均値} = \frac{\textbf{合計}}{\textbf{個数}}$$

と計算して求める．たとえば，150円，100円，200円，100円，300円の5本の缶ビールの値段の平均値は，

$$\frac{150 + 100 + 200 + 100 + 300}{5} = \frac{850}{5} = 170$$

と計算し，170円であることがわかる．ここで，平均値を求める式から，

$$合計 = 平均値 \times 個数$$

となる．これは，平均値をデータの個数分たすと合計になる，ということである．

$$平均値 + 平均値 + \ldots + 平均値 = 合計$$

つまり，もしどのデータも〈ある同じ値〉（平均値）であると強引にみなしてしまったとしても，それらの合計はもともとの合計と変わらない，ということを意味している（図1.1）．

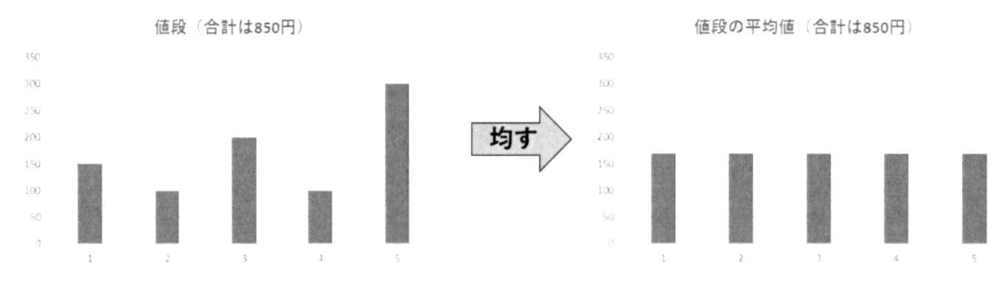

図 1.1　平均値

ビールの値段の合計 850 円については

$$170+170+170+170+170=850 \qquad (\text{平均値}+\text{平均値}+\text{平均値}+\text{平均値}+\text{平均値}=\text{合計})$$

を満たしているということになる．また，ビールの個数の 5（本）については

$$5=\frac{850}{170} \qquad \left(\text{個数}=\frac{\text{合計}}{\text{平均値}}\right)$$

を満たしている．

では，エクセルを使って平均値を求めてみよう．

例題 1.1　計算式を入力して平均値を求める

例題 1.1.1

エクセルを使い，150 円，100 円，200 円の 3 本の缶ビールの値段の平均値を，データの合計をデータの個数でわることによって求めよ．

【解答】

① まず，データを入力する．

② 次に，入力モードを「半角英数字」にし，合計を求めるセル（B5）に「=」を入力する（キーボードの左上にある「半角/全角」キーを押すたびに，「ひらがな」→「半角英数字」→「ひらがな」の順に入力モードが切り替わる）．最初のデータが入力されているセル（B1）をクリックする．

③ 続けて，「+」を入力し，次のデータのセル（B2）をクリックする．さらに，「+」を入力し，最後のデータのセル（B3）をクリックし，Enter キーを押す．

④ そして，平均値を求めるセル（B6）に「=」を入力し，合計が計算されたセル（B5）をクリックする．続けて，「/3」と入力する．

⑤ Enter キーを押す．

これで，平均値 150（円）が求められた（解答終わり）．

例題 1.1.1 の解答

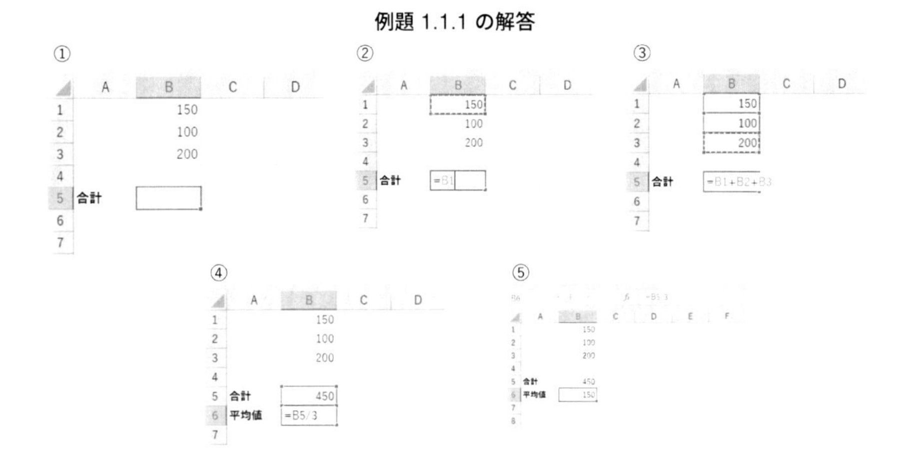

次は，エクセル関数を使って平均値を求め，同じ結果になることを確認しよう．**AVERAGE関数**を使うと平均値を求めることができる．

例題 1.1.2

150 円，100 円，200 円の 3 本の缶ビールの値段の平均値を，エクセル関数を使って求めよ．

【解答】

① 入力モードを「半角英数字」にし，平均値を求めるセル（C6）に「=av」などと入力すると，関数の候補の一覧が出てくる．そこから「AVERAGE」をダブルクリックし選択する．
② すると，「=AVERAGE(」と入力されるので，平均をとるデータ全体（セル B1 からセル B3）をドラッグして選択する．
③ Enter キーを押すと，平均値 150（円）が計算される（セル C6 には「=AVERAGE(B1:B3)」と入力される）（解答終わり）．

平均値はデータ全体の合計を変えず同じ数量にならすようなものであるので，「データの中心」のようなものである．注意することとして，極端に大きい値があると，合計が大きくなってしまい平均値をひき上げてしまうということがある．平均値は外れ値（大きく外れた値）の影響を受けやすいことを意識しておく必要がある（外れ値については第 14 章（外れ値）で詳しく学習する）．

例題 1.1.2 の解答

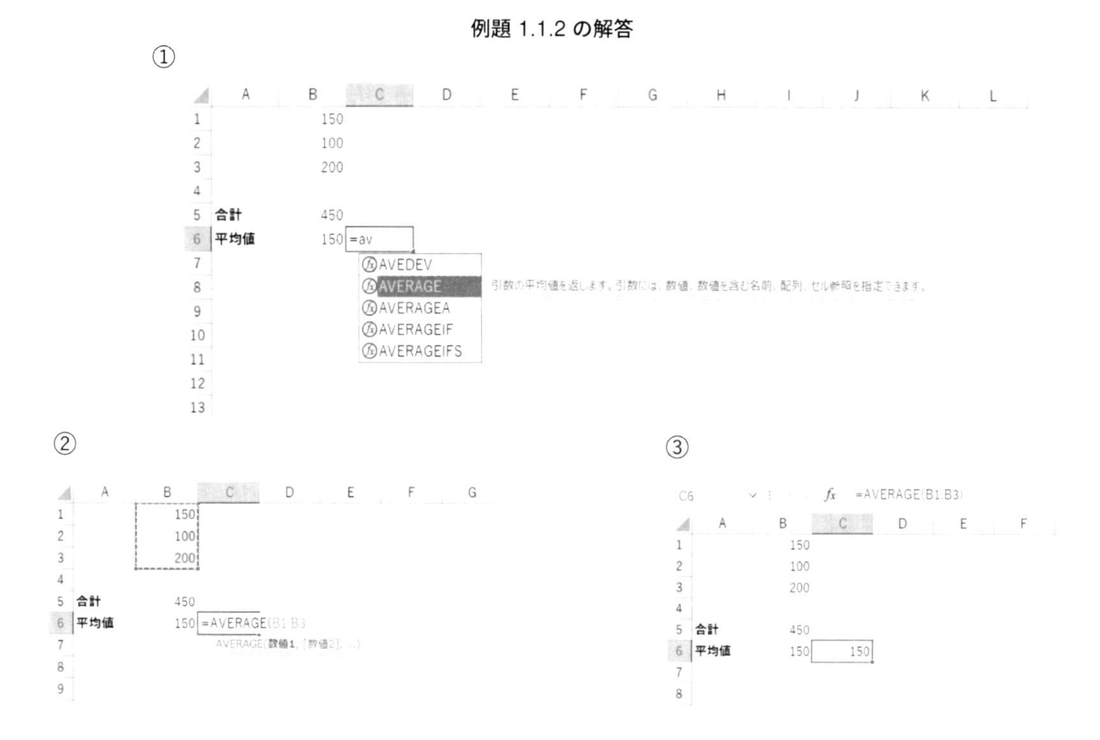

例題 1.2　AVERAGE 関数を使って平均値を求める

あるクラスの数学のテストの点数が，55，60，60，70，85，50，90，45，80，90 であった．エクセル関数を使ってテストの点数の平均値を求めよ．

【解答】

まず，データを入力する．入力モードを「半角英数字」にし，平均値を求めるセル（B12）に「=av」などと入力すると，関数の候補の一覧が出てくる．そこから「AVERAGE」をダブルクリックし選択する．

すると，「=AVERAGE(」と入力されるので，平均をとるデータ全体（セル B1 からセル B10）をドラッグして選択する．

Enter キーを押すと平均値 68.5（点）が計算される（セル B12 には「=AVERAGE(B1:B10)」と入力される）（解答終わり）．

例題 1.2 の解答

例題 1.3　平均値とデータの個数から合計を求める

あるクラスの数学のテストの平均点が 69 点であった．このクラスの人数が 36 人であるときのクラス全員の点数の合計を，エクセルに計算式を入力することにより求めよ．

【解答】

「合計 = 平均値 × 個数」なので，合計点は，69 × 36 で求められる．この計算をエクセルで行う．

① まず，平均点の 69 と人数の 36 を入力する．

② 次に，合計点を求めるセル（B4）に「=」を入力し，平均点（69）が入力されているセル（B1）をクリックする．

③ 続けて，「*」を入力し，人数（36）が入力されているセル（B2）をクリックする．

④ Enter キーを押す．

例題 1.3 の解答

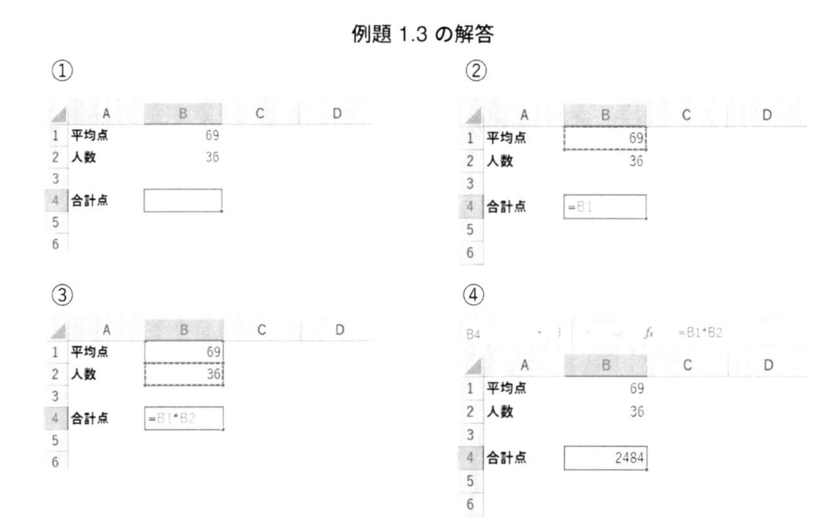

これで，合計点 2484（点）が求められた．

例題 1.4　AVERAGE 関数で平均値を求めて表示桁数を調整する

あるクラスの化学のテストの点数が，78，72，54，84，96，88，57，21，96，87，66 であった．エクセル関数で平均値を求めよ（小数第 3 位が四捨五入された小数第 2 位までの値で求めよ）．

【解答】

① データ入力し，AVERAGE 関数で平均値を求める．

② 次に，ホームタブの（数値グループの）［小数点以下の表示桁数を減らす］ボタンを，値が小数第 2 位までの表示になるまでクリックする．

例題 1.4 の解答

平均値は約 72.64（点）であることがわかる．

例題 1.5　AVERAGE 関数で平均値を求めてオートフィルをする

表 1.1 のようなテストの結果（単位：点）について，次の問に答えよ（小数第 2 位が四捨五入された小数第 1 位までの値で求めよ）．

表 1.1　学生 A から F の 3 科目のテストの点数

	国語	数学	英語
A	57	87	95
B	87	70	85
C	78	70	75
D	45	78	90
E	90	78	60
F	81	45	55

例題 1.5.1

平均点が最も高い科目は国語，数学，英語のうちどれか，また，その平均点は何点か答えよ（空いているセルに答え「どの科目で平均点は何点か」を入力せよ）.

【解答】

① まず，データを入力する（図では，列番号「A」と「B」の間の境界線の上にマウスポインタを合わせてダブルクリックをし，A 列の幅を文字の幅に合った大きさにしている）.
② 国語の平均点を AVERAGE 関数で求める.
③ 国語の平均点を求めたセル（B8）が選択されている状態で，そのセルの右下あたりにマウスポインタを合わせると，マウスポインタが「＋」の形になる．この状態のまま右にドラッグすると，数学と英語の平均点もオートフィルされ，AVERAGE 関数で求めることができる.
④ そして，そのまま（セル範囲 B8:D8 が選択されている状態で）ホームタブの［小数点以下の表示桁数を減らす］ボタンを，値が小数第 1 位までの表示になるまでクリックする.

例題 1.5.1 の解答

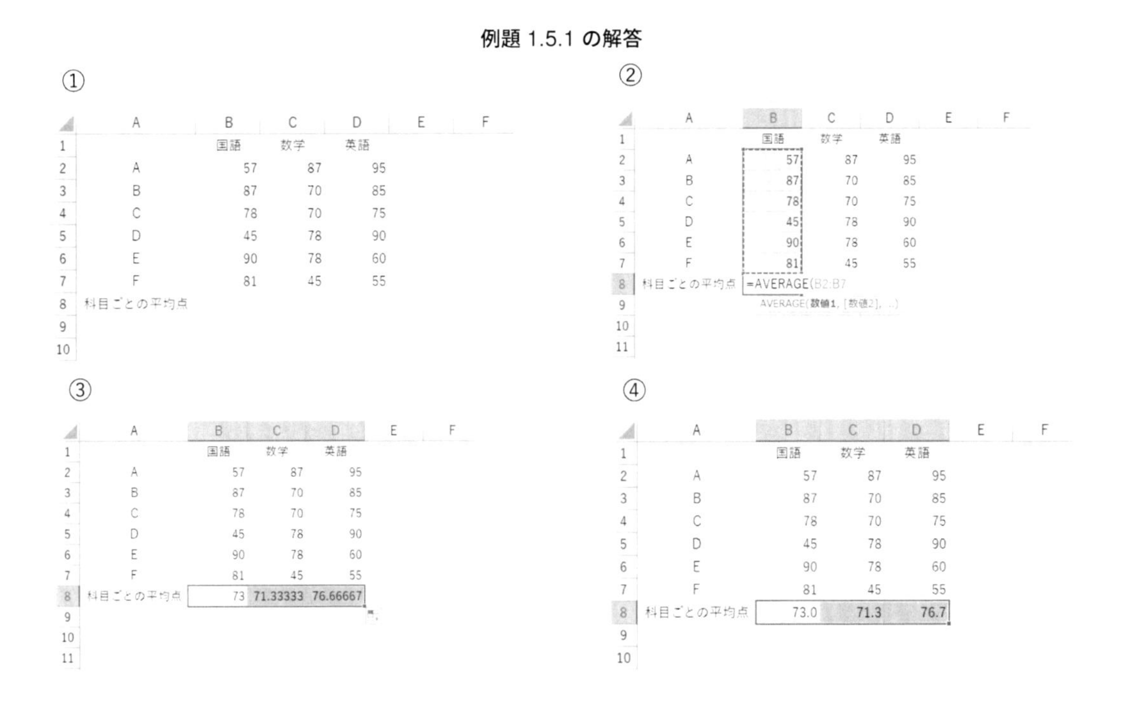

①

	A	B	C	D	E	F
1		国語	数学	英語		
2	A	57	87	95		
3	B	87	70	85		
4	C	78	70	75		
5	D	45	78	90		
6	E	90	78	60		
7	F	81	45	55		
8	科目ごとの平均点					
9						
10						

②

	A	B	C	D	E	F
1		国語	数学	英語		
2	A	57	87	95		
3	B	87	70	85		
4	C	78	70	75		
5	D	45	78	90		
6	E	90	78	60		
7	F	81	45	55		
8	科目ごとの平均点	=AVERAGE(B2:B7				
9		AVERAGE(数値1, [数値2], ...)				
10						
11						

③

	A	B	C	D	E	F
1		国語	数学	英語		
2	A	57	87	95		
3	B	87	70	85		
4	C	78	70	75		
5	D	45	78	90		
6	E	90	78	60		
7	F	81	45	55		
8	科目ごとの平均点	73	71.33333	76.66667		
9						
10						
11						

④

	A	B	C	D	E	F
1		国語	数学	英語		
2	A	57	87	95		
3	B	87	70	85		
4	C	78	70	75		
5	D	45	78	90		
6	E	90	78	60		
7	F	81	45	55		
8	科目ごとの平均点	73.0	71.3	76.7		
9						
10						

平均点が最も高い科目は英語であり，その平均点は約 76.7（点）であることがわかる.

例題 1.5.2

3 科目の平均点が最も高いのは学生 A から F のうちだれか．また，その平均点は何点か（空いているセルに答え「どの学生で平均点は何点か」を入力せよ）．

【解答】

① 学生 A の平均点を AVERAGE 関数で求める．

② 学生 A の平均点を求めたセル（E2）が選択されている状態で，そのセルの右下あたりにマウスポインタを合わせると，マウスポインタが「+」の形になる．この状態のまま下にドラッグする（またはダブルクリックする）と，学生 B から F の平均点もオートフィルされ，AVERAGE 関数で求めることができる．

③ そして，そのまま（セル範囲 E2:E7 が選択されている状態で）ホームタブの［小数点以下の表示桁数を減らす］ボタンを，値が小数第 1 位までの表示になるまでクリックする．

3 科目の平均点が最も高いのは学生 B であり，その平均点は約 80.7（点）であることがわかる（解答終わり）．

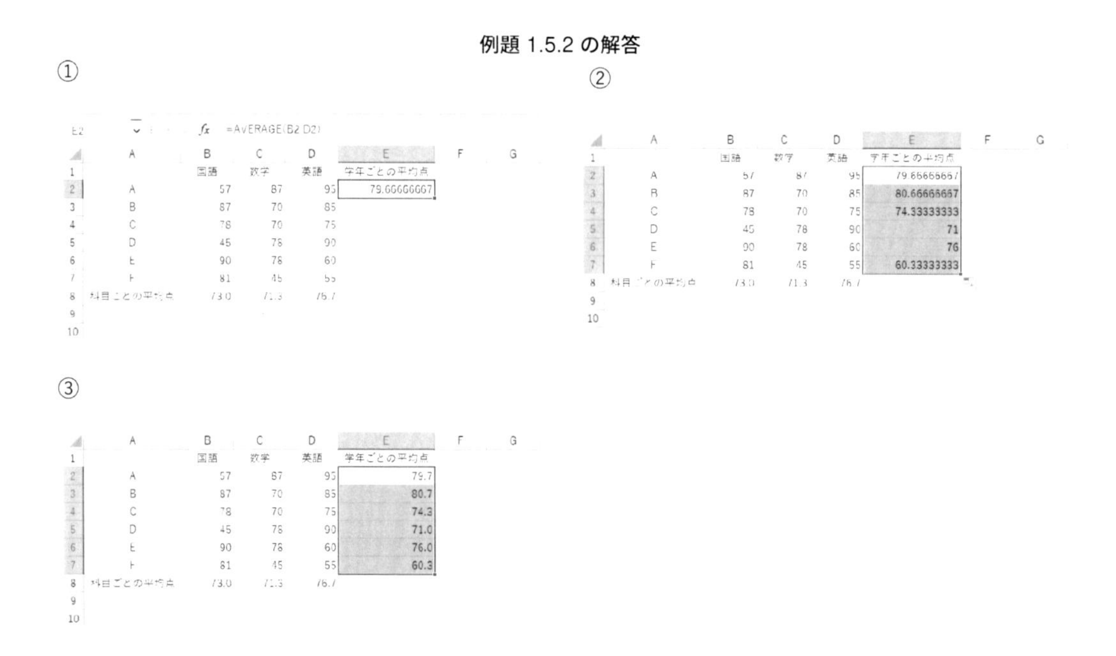

例題 1.5.2 の解答

①

E2　f_x　=AVERAGE(B2:D2)

	A	B	C	D	E	F	G
1		国語	数学	英語	学年ごとの平均点		
2	A	57	87	95	79.66666667		
3	B	87	70	85			
4	C	78	70	75			
5	D	45	78	90			
6	E	90	78	60			
7	F	81	45	55			
8	科目ごとの平均点	73.0	71.3	76.7			
9							
10							

②

	A	B	C	D	E	F	G
1		国語	数学	英語	学年ごとの平均点		
2	A	57	87	95	79.66666667		
3	B	87	70	85	80.66666667		
4	C	78	70	75	74.33333333		
5	D	45	78	90	71		
6	E	90	78	60	76		
7	F	81	45	55	60.33333333		
8	科目ごとの平均点	73.0	71.3	76.7			
9							
10							

③

	A	B	C	D	E	F	G
1		国語	数学	英語	学年ごとの平均点		
2	A	57	87	95	79.7		
3	B	87	70	85	80.7		
4	C	78	70	75	74.3		
5	D	45	78	90	71.0		
6	E	90	78	60	76.0		
7	F	81	45	55	60.3		
8	科目ごとの平均点	73.0	71.3	76.7			
9							
10							

なお，前述のように，合計を個数でわるのは平均のとり方の 1 つにすぎず，これ以外にも平均値を求める算出方法がある．相加平均値と異なる算出方法で求める平均値として，**幾何平均値（相乗平均値）**や**調和平均値**などもある．

幾何平均値は，［n 個の値をすべてかけたもの］の n 乗根（1/n 乗）である．たとえば，10 と 40 の幾何平均値は，

$$10 \times 40 \text{の} 2 \text{乗根} = \sqrt{400} = 20$$

となる．相加平均値は「たして個数でわって」求めるが，幾何平均値は「かけてルート（$\sqrt{}$）をとって」求めるのである．幾何平均値は伸び率などを平均するときに使われる．

調和平均値は，［［値の逆数］の相加平均値］の逆数である．たとえば，10 と 40 の調和平均値は，$\frac{1}{10}$ と $\frac{1}{40}$ の相加平均値の逆数，つまり，

$$\frac{\frac{1}{10}+\frac{1}{40}}{2} \text{の逆数} = \frac{2}{\frac{1}{10}+\frac{1}{40}} = 16$$

となる．調和平均値は，速度などを平均するときに使われる．

以下で，幾何平均値と調和平均値の使いどころについて，それぞれ例で考えてみよう．

補足

ちなみに，10 と 40 の相加平均値は

$$\frac{10+40}{2} = 25$$

である．一般に，次の大小関係が成立する：

調和平均値 ≦ 幾何平均値 ≦ 相加平均値

例題 1.6　幾何平均値を求める

ある会社の 2 年目の売り上げは初年度の 4 倍，3 年目の売り上げは 2 年目の 9 倍に伸びた．1 年間の売り上げの伸びの平均倍率を求めよ（エクセル関数は使用しない）．

【解答と解説】

3 年目の売り上げは初年度の 4×9 倍に伸びている．つまり，初年度から 3 年目で 36 倍伸びていることになる．ということは，売り上げの伸びの倍率をならす（平均する）と，

初年度から 2 年目：6 倍
2 年目から 3 年目：さらに 6 倍

として，その結果 6×6 より 36 倍となったと考えるのが自然である．この 6 倍というのは，**4 と 9 の幾何平均値**

$$\sqrt{\mathbf{4 \times 9}} = \sqrt{36} = 6$$

で求められている．求める 1 年間の売り上げの伸びの平均倍率は 6（倍）となる．

これは，〈ある数〉を 2 回かけて，（4 と 9 の積）36 になるような〈ある数〉は何か，を求めているのである．

エクセルでは，セル B1 と B2 に 4 と 9 をそれぞれ入力した場合，他のセルに「=(B1*B2)^(1/2)」と入力すると求めることができる．

例題 1.6 の解答

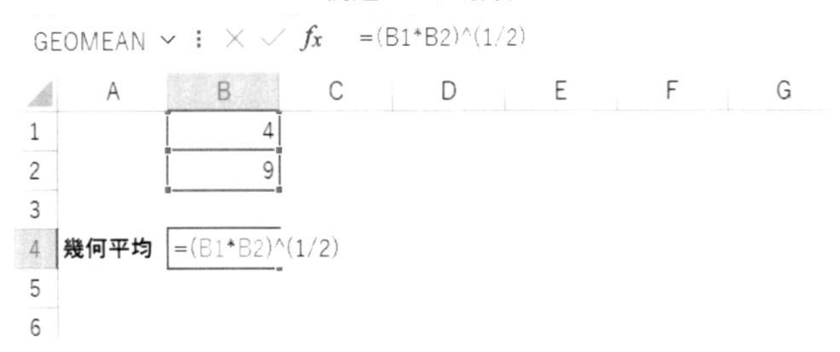

例題 1.7　調和平均値を求める

K くんが家から学校に行くときの移動の速さは 200 m/分であり，帰りは 600 m/分である．この場合の往復での平均の速さ（単位：m/分）を求めよ（エクセル関数は使用しない）．

【解答と解説】

K くんの家から学校までの距離を x m とすると，往復の距離は

$$x \times 2 = 2x\ (\mathrm{m})$$

である．また，往復でかかる時間は

$$\left(\frac{x}{200} + \frac{x}{600}\right) 分 \qquad \left(時間 = \frac{距離}{速さ}\right)$$

である．よって，往復での平均の速さは

$$\frac{2x}{\frac{x}{200} + \frac{x}{600}} = \frac{\mathbf{2}}{\frac{\mathbf{1}}{\mathbf{200}} + \frac{\mathbf{1}}{\mathbf{600}}} = 300\ (\mathrm{m}/ 分) \qquad \left(速さ = \frac{距離}{時間}\right)$$

となる．つまり，求める往復での平均の速さは 300 m/ 分 となり，**200 と 600 の調和平均値**を使って求められるということである．

これは，200 と 600 のそれぞれの逆数の相加平均値 $\left(\frac{\frac{1}{200}+\frac{1}{600}}{2}\right)$ の逆数 $\left(\frac{2}{\frac{1}{200}+\frac{1}{600}}\right)$ を求めているのである．

エクセルでは，セル B1 と B2 に 200 と 600 をそれぞれ入力した場合，他のセルに「=2/(1/B1+1/B2)」と入力すると求めることができる．

例題 1.7 の解答

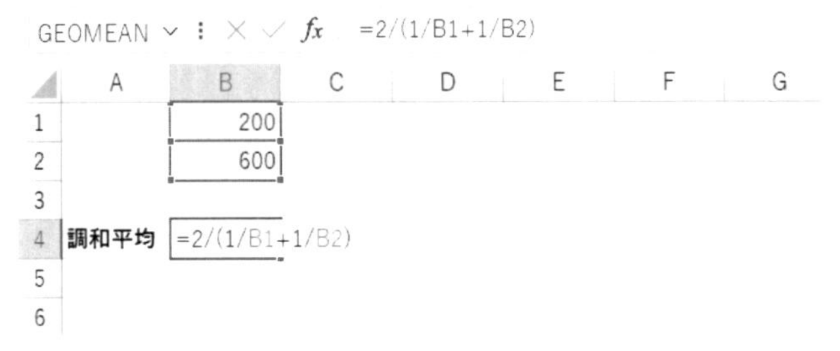

注意

この往復での平均の速さを，200 と 600 の相加平均値

$$\frac{200+600}{2}=400$$

を求めて，400 m/ 分 としてはいけない.

平均というのはいわば「均一化」であり，データがすべて〈ある同じ値〉だと仮定して，それで計算される基準値がもともとのデータで計算した基準値と同じになるとき，その〈ある同じ値〉のことを〈平均値〉というのである．その基準値を求める計算方式が「合計」のときは相加平均値を求め，その計算方式が「かけ合わせること」のときは幾何平均値を求めるといったように，どのような計算方式で基準値を求めたいのかによって，〈平均値〉を求める方式が異なるのである.

1.3　演習問題

問題 1.1

あるクラスの数学のテストの平均点が 69 点であり，クラス全員の点数の合計は 3933 点であった．このクラスの人数を，エクセルに計算式を入力することにより求めよ.

問題 1.2

表 1.2 のような商品別の年間売上個数のデータ（単位：個）について，以下の問に答えよ（平均値は小数第 1 位が四捨五入された整数の値で求めよ).

表 1.2　商品別の年間売上個数

	商品A	商品B	商品C	商品D
名古屋	1522	1443	1209	1570
東京	1132	1321	1205	1061
大阪	990	879	1561	1290

問題 1.2.1

売上個数の平均値が一番小さい商品はどれか答えよ．また，その平均値も答えよ.

問題 1.2.2

売上個数の平均値が一番小さい都市はどこか答えよ．また，その平均値も答えよ.

問題 1.3

表 1.3 のような学生 A から F のテストの結果（単位：点）について，国語，英語，社会の平均点が最も高いのはだれで，その平均点は何点か．また，数学，理科の平均点が最も高いのはだれで，その平均点は何点か（国語，英語，社会の最も高い平均点は小数第 2 位が四捨五入された小数第 1 位までの値で求めよ）（サポートページからダウンロードできる元データ「第 1 章　ファイル 1」にデータ入力されている）．

表 1.3　学生 A から F の 5 科目のテストの点数（元データ「第 1 章　ファイル 1」）

	国語	数学	英語	理科	社会
A	56	87	94	57	81
B	88	70	80	53	91
C	79	70	74	70	70
D	45	78	97	70	54
E	89	78	60	80	79
F	82	41	50	52	85

問題 1.4

ある会社の 2 年目の売り上げは初年度の 4 倍，3 年目の売り上げは 2 年目の 1 倍（つまり変化なし），4 年目の売り上げは 3 年目の 2 倍に伸びた．1 年間の売り上げの伸びの平均倍率を求めよ（エクセル関数は使用しない）．

問題 1.5

今週，K くんが家から学校に行くときの移動の速さ（単位：m/分）はそれぞれ表 1.4 のとおりであった．この場合の今週での平均の速さ（単位：m/分）を求めよ（エクセル関数は使用しない）（小数第 2 位が四捨五入された小数第 1 位までの値で求めよ）．

表 1.4　K くんが家から学校に行くときの速さ（単位：m/分）

月曜日	火曜日	水曜日	木曜日	金曜日
121	102	132	129	126

第2章

中央値と最頻値

本章では，平均値以外の代表値である中央値と最頻値について学習する．定義や特徴を確認し，これらの統計量が代表値として使われるのはどのようなデータでどのような状況なのかを考えてみる．

そして，エクセルの表のデータについて，中央値や最頻値を求める演習を行う．

第2章で学習すること

1. 中央値とは何かを知る.
2. 中央値を MEDIAN 関数で求める.

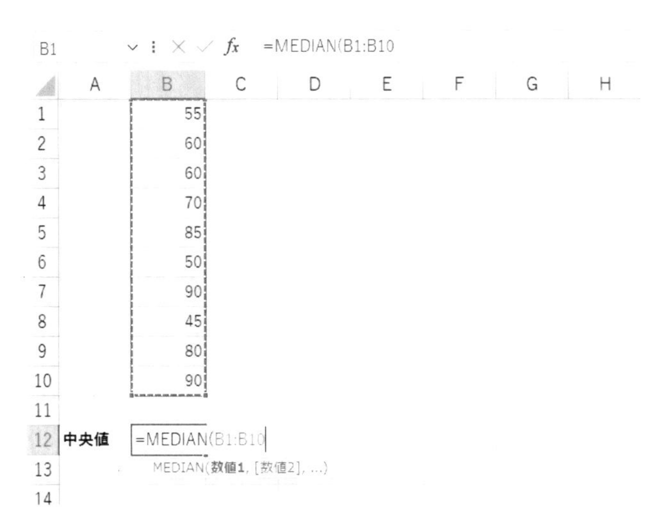

3. 最頻値とは何かを知る.
4. 最頻値を MODE.MULT 関数で求める.

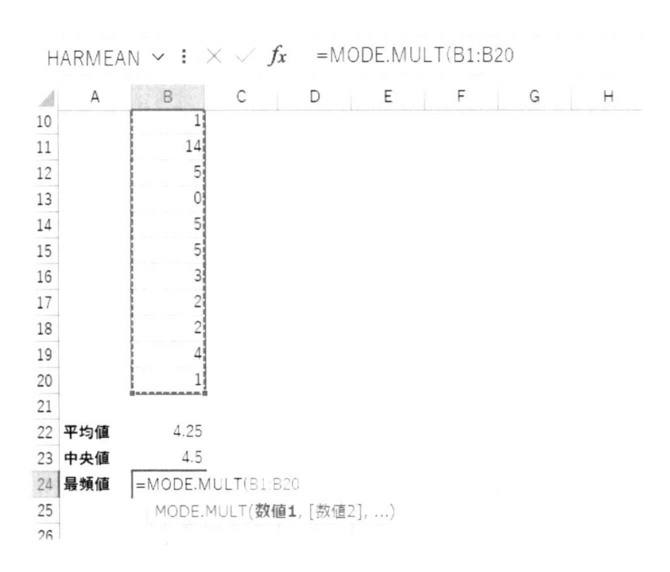

5. 平均値, 中央値, 最頻値の違いを理解する（これらは代表値, つまり, 基本統計量の中でデータの中心的傾向をあらわす値である).

2.1 中央値

データを大きさの順に並べ替えたとき，中央に位置する値のことを**中央値**という．つまり，中央値は真ん中の値のみで決まり，データ全部をたすなどをして求めるものではない．よって，（データの個数が 3 以上の場合は）たとえ最大値を極端に大きい値にすり替えたとしても，中央値は変わらないのである．このことは，極端に大きい値があるとつられて大きくなってしまう平均値とは大きく異なる点である．

150 円，100 円，200 円，100 円，300 円の 5 本の缶ビールの値段の中央値を求めてみよう．まず小さい順に並べると，

『100 円，100 円，**150 円**，200 円，300 円』

となる．真ん中の値は 150 円であり，中央値は 150 円であることがわかる．この場合はデータの個数が 5 で奇数なので，真ん中は $3\left(=\frac{5+1}{2}\right)$ 番目の値であることがすぐわかるのである．ちなみに，平均値は 170 円であり，中央値と同じではない．

では，100 円の缶ビールがもう 1 本加わり，データの個数が 6 になった場合は何番目の値が中央値になるのだろうか．小さい順に並べると，

『100 円，100 円，**100 円，150 円**，200 円，300 円』

となる．この中で真ん中の値は 100 円または 150 円である．このように真ん中の値が 2 つあるときは，「真ん中の 2 つの値の平均値（100 と 150 の平均値）」を中央値とする．つまり，

$$\frac{100+150}{2}=\frac{250}{2}=125$$

を中央値とする，ということになる．つまり，データの個数が 6 の場合の中央値は，$3\left(=\frac{6}{2}\right)$ 番目の大きさの値と $4\left(=\frac{6}{2}+1\right)$ 番目の大きさの値の平均値をとるのである．

このように，データを大きさの順に並べたとき，データが奇数個の場合は真ん中の 1 つの値が中央値となり，データが偶数個の場合は真ん中の 2 つの値の平均が中央値となる．これは，大きい順に並べても小さい順に並べてもどちらでも同じである．そして，中央値は「最大値と最小値の平均」のことを指すことばではないことに注意しよう．

以上のように，中央値は真ん中の 1 つまたは 2 つの値のみから決まり，それ以外の値の影響は受けない．これは外れ値の影響を受けやすい平均値とは異なる点であり，中央値は外れ値の影響を受けにくい，ということである．

たとえば，上の例において，150 円，100 円，200 円，100 円，300 円の 5 本の缶ビールの値段の中央値は真ん中の大きさの値である 150 円であったが，一番小さい値の 100 円を 10 円に変えても，中央値は変わらず 150 円のままである．また，一番大きい値の 300 円を 1000 円に変えたとしても，中央値は変わらず 150 円のままなのである．ところが，もともと 170 円であった平均値については，もし一番大きい値の 300 円をさらに大きい 1000 円に変えてみると，

$$\frac{150+100+200+100+1000}{3}=\frac{1550}{3}=310$$

となり，かなり大きくなってしまうことが確認できる．このように，平均値は端のほうの値（外

れ値など）の影響を受けやすいことがわかる．平均値も中央値もデータの中心的傾向をあらわす値である代表値であるが，その特徴はそれぞれ異なるのである．

では，エクセル関数を使って，中央値を求めてみよう．**MEDIAN 関数**を使うと中央値を求めることができる．

例題 2.1　MEDIAN 関数を使って中央値を求める

あるクラスの数学のテストの点数が，55，60，60，70，85，50，90，45，80，90 であった．エクセル関数を使ってテストの点数の中央値を求めよ．

【解答】

① データを入力する．入力モードを「半角英数字」にし，中央値を求めるセル（B12）に「=me」などと入力すると，関数の候補の一覧が出てくる．そこから「MEDIAN」をダブルクリックし選択する．

② すると，「=MEDIAN(」と入力されるので，中央値をとるデータ全体（B1 から B10）をドラッグして選択する．

③ Enter キーを押すと，中央値 65（点）が計算される（セル B12 には「=MEDIAN(B1:B10)」と入力される）（解答終わり）．

例題 2.1 の解答

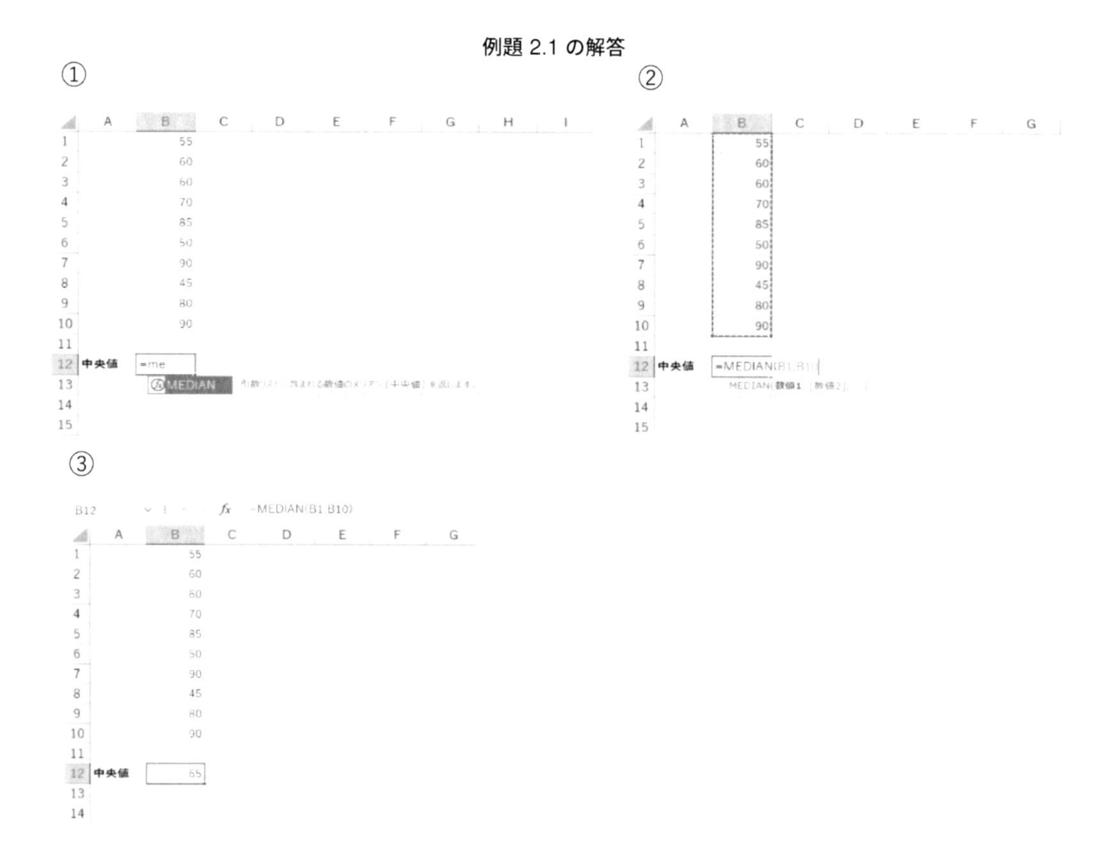

なお，データを小さい順に並べると，

45，50，55，60，**60**，**70**，80，85，90，90

となり，データの個数は 10 なので，求める中央値は 5 $\left(=\frac{10}{2}\right)$ 番目の大きさのデータと 6 $\left(=\frac{10}{2}+1\right)$ 番目の大きさのデータの平均値ということになる．つまり，

$$\frac{60+70}{2}=\frac{130}{2}=65$$

と計算して求めることもできる．ちょうど半々になるように点数順のクラス分けをするとき，点数が中央値より大きい場合は上のクラスに属し，中央値より小さい点数の場合は下のクラスに属することが確認できる．

このように，中央値は真ん中の大きさの値であり，順序，順位に注目した代表値である．

例題 2.2　中央値が真ん中の大きさの値であることを確認する

あるクラスの物理のテストの点数が，100，65，70，90，75，85，70，100，75，55，70，60，65，95 であった．次の問に答えよ．

例題 2.2.1

テストの点数の平均値と中央値を，エクセル関数を使ってそれぞれ求めよ（平均値は小数第 2 位が四捨五入された小数第 1 位までの値で求めよ）．

【解答】

データを入力し，AVERAGE 関数を使って平均値を求める．平均値が計算されたセルを選択し，ホームタブの（数値グループにある）［小数点以下の表示桁数を減らす］ボタンを，値が小数第 1 位までの表示になるまでクリックする．平均値は約 76.8（点）であることがわかる．

また，中央値を MEDIAN 関数で求めると，72.5（点）であることがわかる（セル B17 には「=MEDIAN(B1:B14)」と入力される）．

例題 2.2.1 の解答

B17　　fx　=MEDIAN(B1:B14)

	A	B	C	D	E	F	G
1		100					
2		65					
3		70					
4		90					
5		75					
6		85					
7		70					
8		100					
9		75					
10		55					
11		70					
12		60					
13		65					
14		95					
15							
16	平均値	76.8					
17	中央値	72.5					
18							

例題 2.2.2

データを大きい順に並べ替え，ちょうど半々になるように点数順のクラス分けを行え．そして，点数が中央値より大きい場合は上のクラスに属し，中央値より小さい点数の場合は下のクラスに属することを確認せよ．

【解答】

データ入力されているどこかのセルを選択した状態で，ホームタブの（編集グループにある）［並べ替えとフィルター］をクリックし，「降順」を選択する．

ちょうど半々に（7 人ずつに）なるように点数順のクラス分けを行うと，上のクラスに属する点数は 100，100，95，90，85，75，75 となり，下のクラスに属する点数は 70，70，70，65，65，60，55 となる．

よって，点数が中央値 72.5（点）より大きい場合は上のクラスに属し，中央値 72.5（点）より小さい点数の場合は下のクラスに属することが確認できる．

例題 2.2.2 の解答

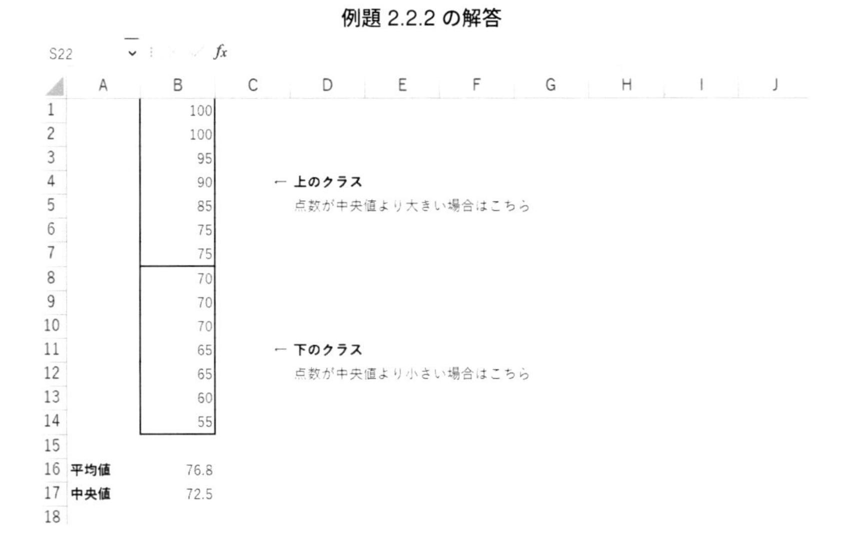

例題 2.2.3

例題 2.2.2 のクラス分けにおいて，平均値より小さいのに下のクラスに属さない点数の例をあげよ．

【解答】

75（点）は，約 76.8（点）である平均値より小さいが，上のクラスに属することが確認できる．よって，平均値より小さいのに下のクラスに属さない点数の例は 75（点）である．

2.2　最頻値

最も**頻**繁にあらわれるデータのことは**最頻値**とよぶ．上の例の，

『150 円，100 円，200 円，100 円，300 円』

の 5 本の缶ビールの値段では，「100 円」が 2 回あらわれて，それ以外のデータはそれぞれ 1 回ずつあらわれる．なので，最頻値は「100 円」である．また，これらの 5 本の缶ビールに 100 円の缶ビールをもう 1 本追加した 6 本の缶ビールの値段

『150 円，100 円，200 円，100 円，300 円，100 円』

については，「100 円」が 3 回あらわれて，それ以外のデータはそれぞれ 1 回ずつあらわれる．この場合も最頻値は「100 円」ということになる．なお，どちらの場合においても，一番大きい値の 300 円を 1000 円に変えても最頻値は変わらず「100 円」のままである．

このように，最頻値は最も頻繁にあらわれる１つの値のみから決まり，それ以外の値の影響は受けない．それ以外の値の影響は受けないという点は中央値と同じであり，外れ値の影響を受けやすい平均値とは性質が異なる．最頻値も平均値や中央値と同様，データの中心的傾向をあらわす値である代表値であるが，その特徴や使いどころはそれぞれ異なるということを知っておこう．

たとえば，ある５人の月収が

『2 万円，2 万円，3 万円，30 万円，50 万円』

であるとすると，中央値は３万円，最頻値は２万円になるが，これらがデータの代表値とはいいがたく，中央値と最頻値を知らされただけではデータ全体の実態はつかめない．ちなみに平均値は 17.4 万円である．収入のデータのような左右非対称の偏った分布の場合は，「ふつう」の人の収入という意味では中央値のほうが妥当であるし，全員の収入を集めて全員に均等に分配したらいくらずつになるかという意味では平均値が妥当である．データ全体の実態をなるべく正確につかむためには，平均値，中央値，最頻値のそれぞれの特徴を理解したうえで，データの傾向を読み取る必要があるのである．また，これらの代表値どうしの関係は，どちらのほうが一般に大きいということはなく，データの分布によって，その大小関係は違ってくる．

なお，データの中に同じ数値のものが複数個存在しないときは最頻値が存在しないことになってしまうが，このような場合でも，度数分布表をつくるとどの階級（区間）が多数派かがわかることがある（度数分布表については第 12 章参照）．

次は，エクセル関数を使って最頻値を求め，代表値として最頻値が使われるのはどのような場面か考えてみよう．

エクセルでは，数値データについては MODE.MULT 関数，または，MODE.SNGL 関数を使うと最頻値を求めることができる．ただし，最頻値が存在しない場合（重複する数値がない場合）はエラー「#N/A」になってしまう．また，最頻値が複数あった場合，スピルが使える環境では MODE.MULT 関数を使うとすべての最頻値を求めることができる．しかし，MODE.SNGL 関数を使う場合や，MODE.MULT 関数でもスピルが使えない環境で配列数式を使わない場合では，最頻値を複数求めることができず，最頻値のうち最初に出てきた数値のみが返されるということに注意しよう．

また，最頻値は数値でないデータにおいてでも求めることができる．しかし，MODE.MULT 関数，または，MODE.SNGL 関数だけではエラー「#N/A」になってしまい，数値でないデータの最頻値は求められないことにも注意しよう．

例題 2.3　MODE.MULT 関数を使って最頻値を求める

あるクラスの学生 20 名それぞれの欠席回数が

『5 回，0 回，5 回，5 回，15 回，0 回，5 回，3 回，5 回，1 回，14 回，5 回，0 回，5 回，5 回，3 回，2 回，2 回，4 回，1 回』

であるとする．このクラスの欠席回数の平均値，中央値，最頻値を，エクセル関数を使ってそれぞれ求めよ．

【解答】

① データ入力し，AVERAGE 関数で平均値，MEDIAN 関数で中央値を求める．平均値は 4.25（回），中央値は 4.5（回）となる．

② 次に，最頻値を求めるセル（B24）に「=mo」などと入力すると，関数の候補の一覧が出てくる．そこから「MODE.MULT（または MODE.SNGL）」をダブルクリックし選択する．

③ すると，「=MODE.MULT(」と入力されるので，最頻値をとるデータ全体（B1 から B20）をドラッグして選択する（MODE.SNGL 関数を選択したときは「=MODE.SNGL(」と入力される）．

Enter キーを押すと，最頻値 5（回）が計算される（セル B24 には「=MODE.MULT(B1:B20)」と入力される．MODE.SNGL 関数を選択したときは，「=MODE.SNGL(B1:B20)」と入力される）（解答終わり）．

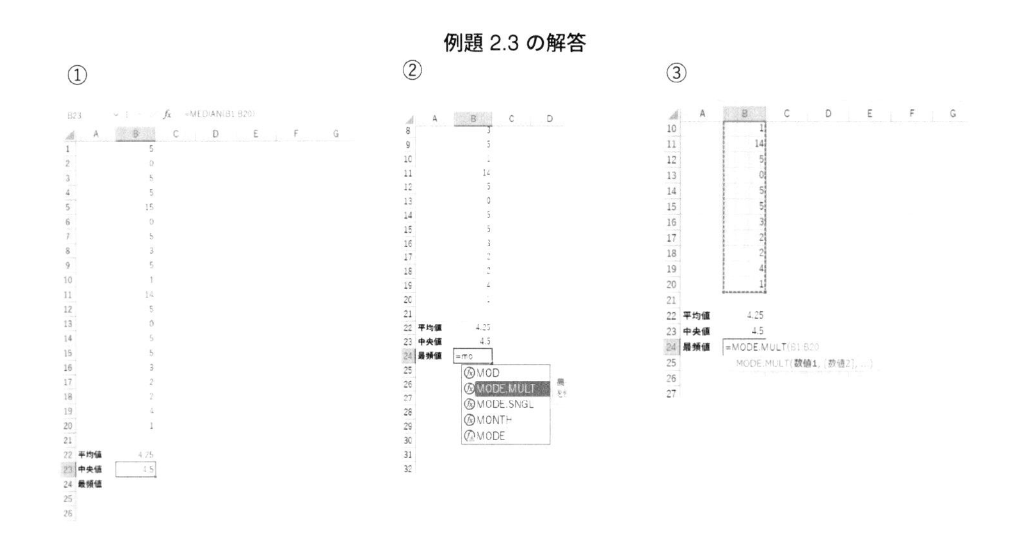

例題 2.3 の解答

なお，データを小さい順に並べてみると，

『0 回，0 回，0 回，1 回，1 回，2 回，2 回，3 回，3 回，4 回，5 回，5 回，5 回，5 回，5 回，5 回，5 回，5 回，14 回，15 回』

となり，「0 回」は 3 回あらわれて，「1 回」と「2 回」と「3 回」は 2 回ずつあらわれて，「4 回」と「14 回」と「15 回」は 1 回ずつあらわれて，「5 回」は 8 回あらわれていることが確認できる．つまり，**最**も**頻**繁にあらわれやすいのは「5 回」であることがわかる．

たとえば，「このクラスのある誰かの欠席回数」を言いあてようとするとき，何回と答えるのがあたりやすいかと考えたとき，やはり，一番よくありそうな典型的な欠席回数を答えたいであろう．それが「5 回」であり，最頻値が一番あたりやすい答えということになる．

また，計算結果より，平均値は 4.25，中央値は 4.5 となった．これらは自然数ではなく，「回数」という感じはしない．「回数」に注目し，「代表的な欠席回数は何か」を知りたいときは，「5 回」であると考えるのが自然である．つまり，最頻値が代表値として利用できると考えられる．

このように，最頻値（「5 回」）は最もよくあらわれるデータ「そのもの」である．そして，外れ値の影響を受けにくいことは平均値と大きく異なる特徴である．一方，最頻値（「5 回」）だけを知っても，それ以外のデータがどのようなものなのかはまったくわからないので，最頻値はデータ全体の傾向を把握するのには適していないということに注意しよう．

2.3　演習問題

問題 2.1

あるクラスの数学のテストの点数が，21，76，90，24，70，62，60，86，38，52，14，70 であった．平均値と中央値をエクセル関数でそれぞれ求めよ．

問題 2.2

第 1 章の問題 1.3 の「表 1.3　学生 A から F の 5 科目のテストの点数（元データ「第 1 章　ファイル 1」）」のデータについて，以下の問に答えよ（サポートページからダウンロードできる元データ「第 1 章　ファイル 1」にデータ入力されている）．

問題 2.2.1

5 科目の平均点が最も高いのはだれで，その平均点は何点か．

問題 2.2.2

5 科目の中で，最も平均点が高い科目はどれで，その平均点は何点か．また，最も中央値が高い科目はどれで，その中央値は何点か答えよ（平均点は小数第 2 位が四捨五入された小数第 1 位までの値で求めよ）．

問題 2.3

A さんから M さんの車の所有台数は表 2.1 のとおりである．このとき，車の所有台数の最頻値と平均値をエクセル関数でそれぞれ求めよ（平均値は小数第 3 位が四捨五入された小数第 2 位までの値で求めよ）．

表 2.1　車の所有台数

A	B	C	D	E	F	G	H	I	J	K	L	M
2台	2台	1台	0台	0台	2台	0台	3台	2台	1台	5台	1台	2台

問題 2.4

A さんから J さんの出身地は表 2.2 のとおりである．このとき，出身地の平均値，中央値，最頻値のうち，求められるものはどれか答え，出身地のそれを求めよ（エクセル関数は使わず，答えのみ入力せよ).

表 2.2 出身地

A	B	C	D	E	F	G	H	I	J
イタリア	フランス	イタリア	フランス	香港	イタリア	イギリス	香港	イタリア	香港

問題 2.5

あるクラスの 30 名の学生はペットをそれぞれ

『1 頭, 2 頭, 1 頭, 1 頭, 4 頭, 0 頭, 2 頭, 3 頭, 1 頭, 0 頭, 0 頭, 1 頭, 5 頭, 0 頭, 0 頭, 1 頭, 0 頭, 0 頭, 2 頭, 0 頭, 1 頭, 0 頭, 0 頭, 1 頭, 1 頭, 4 頭, 1 頭, 5 頭, 5 頭, 0 頭』

飼っている. 頭数の最頻値をエクセル関数で求めよ.

問題 2.6

あるクラスの学生 12 名の所持金額(円)はそれぞれ以下である.

『74055, 5000, 0, 5000, 116000, 3934, 100, 9480, 0, 4320, 5000, 13030』

平均値, 中央値, 最頻値をそれぞれエクセル関数で求めよ(平均値は小数第 1 位が四捨五入された整数の値で求めよ).

問題 2.7

あるデータの平均値が 56.25 であり, 中央値が 50 であり, 最頻値が 45 であった. また, データの合計は 450 であった. このとき, データの個数はいくつであるか答えよ(エクセルに計算式を入力することにより求めよ).

問題 2.8

ある 20 個のデータの平均値が 4.1 であり, 中央値が 4 であり, 最頻値が 3 であった. このとき, データの合計はいくつであるか答えよ(エクセルに計算式を入力することにより求めよ).

問題 2.9

5 つの数からなるデータで, 下記のような例をそれぞれあげよ.

(1) 平均値が中央値より大きい　(2) 平均値が中央値より小さい
(3) 平均値が最頻値より大きい　(4) 平均値が最頻値より小さい
(5) 中央値が最頻値より大きい　(6) 中央値が最頻値より小さい

((1) の解答例:「1, 1, 1, 3, 4」(平均値が 2, 中央値が 1))

第3章

トリム平均とレンジ

本章では，データを大きさの順に並べて両端から同数ずつ取り除いて求める平均値，つまり，トリム平均を求める演習を行う．トリム平均は，外れ値の影響を受けやすいという平均値の欠点が緩和されている．

また，最大値から最小値をひいて求めるレンジについても学習する．

第3章で学習すること

1. トリム平均とは何かを知る.
2. トリム平均を TRIMMEAN 関数で求める.

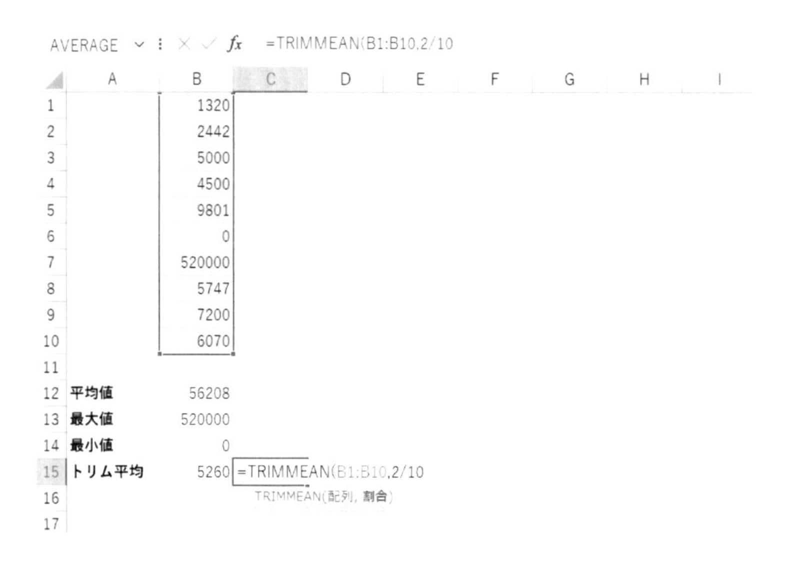

AVERAGE　fx　=TRIMMEAN(B1:B10,2/10

	A	B	C
1		1320	
2		2442	
3		5000	
4		4500	
5		9801	
6		0	
7		520000	
8		5747	
9		7200	
10		6070	
11			
12	平均値	56208	
13	最大値	520000	
14	最小値	0	
15	トリム平均	5260	=TRIMMEAN(B1:B10,2/10
16			TRIMMEAN(配列, 割合)
17			

3. レンジ（範囲）とは何かを知る.
4. MAX 関数で求めた最大値から MIN 関数で求めた最小値をひいて，レンジを求める.

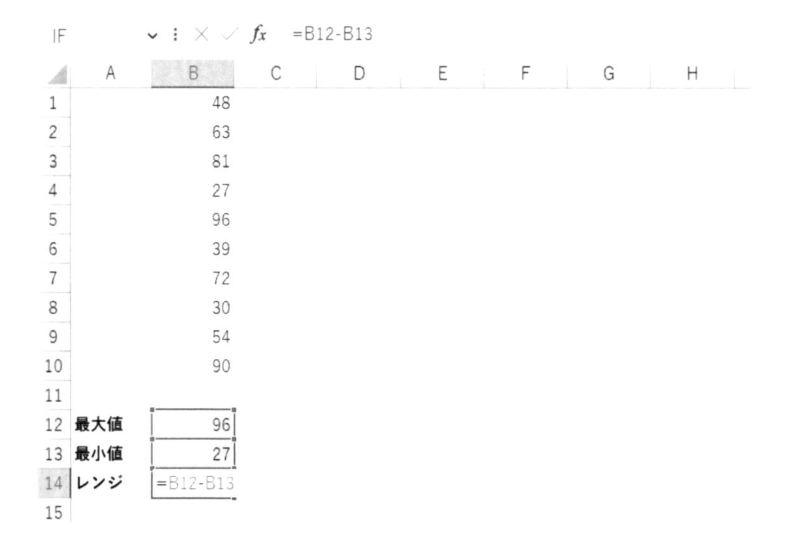

IF　fx　=B12-B13

	A	B
1		48
2		63
3		81
4		27
5		96
6		39
7		72
8		30
9		54
10		90
11		
12	最大値	96
13	最小値	27
14	レンジ	=B12-B13
15		

3.1　トリム平均

通常の平均値は，データの合計をデータの個数でわったものであり，外れ値の影響を受けやすい．そのため，最大値，最小値付近の極端な値の影響をなくすために，これらを除く常識的な「ふつうの」データだけで平均値を求めることがある．

データを大きさの順に並べて両端から同数ずつ取り除いて求めた平均値のことを**トリム平均**という．ちなみに，両端から 0 個ずつ取り除いて求めるトリム平均は通常の平均値である．また，両端から取り除くデータを増やしていき，残りが 1 個または 2 個になったときは，トリム平均は中央値のことになる．つまり，平均値と中央値はそれぞれ（極端な）トリム平均であるといえるのである．

なお，たとえば両端から 1 つずつ取り除いてトリム平均を求めるときに，最小値または最大値と等しい値が他にあった場合でも，それらすべてを取り除く必要はなく，それぞれ 1 つずつだけを除外して平均値を求める．

では，エクセル関数を使ってトリム平均を求め，代表値としてトリム平均が妥当である場面を確認しよう．

まずは，**MAX 関数**で求めた最大値と **MIN 関数**で求めた最小値を取り除いた残りのデータの平均値（トリム平均）を，AVERAGE 関数を使って求めてみよう．

例題 3.1　トリム平均を計算する

学生 10 人の所持金額がそれぞれ

『1320 円，2442 円．5000 円，4500 円，9801 円，0 円，520000 円，5747 円，7200 円，6070 円』

であったとする．次の問に答えよ．

例題 3.1.1

学生 10 人の所持金額の平均値を求めよ．また，最大値と最小値を関数で求め，それらを取り除いた 8 つのデータの平均値（トリム平均）を，AVERAGE 関数を使って求めよ．

【解答】

データ入力し，AVERAGE 関数で平均値，MAX 関数で最大値，そして，MIN 関数で最小値を求める．

平均値 56208（円），最大値 520000（円），最小値 0（円）が計算される（セル B12 には「=AVERAGE(B1:B10)」，セル B13 には「=MAX(B1:B10)」，セル B14 には「=MIN(B1:B10)」と入力される）．

例題 3.1.1 の解答

	A	B	C	D
1		1320		
2		2442		
3		5000		
4		4500		
5		9801		
6		0		
7		520000		
8		5747		
9		7200		
10		6070		
11				
12	平均値	=AVERAGE(B1:B10		
13	最大値	AVERAGE(数値1, [数値2], ...)		
14	最小値			
15	トリム平均			
16				
17				

	A	B	C	D
1		1320		
2		2442		
3		5000		
4		4500		
5		9801		
6		0		
7		520000		
8		5747		
9		7200		
10		6070		
11				
12	平均値	56208		
13	最大値	=MAX(B1:B10		
14	最小値	MAX(数値1, [数値2], ...)		
15	トリム平均			
16				
17				

	A	B	C	D
1		1320		
2		2442		
3		5000		
4		4500		
5		9801		
6		0		
7		520000		
8		5747		
9		7200		
10		6070		
11				
12	平均値	56208		
13	最大値	520000		
14	最小値	=MIN(B1:B10		
15	トリム平均	MIN(数値1, [数値2], ...)		
16				
17				

	A	B	C	D	E
1		1320			
2		2442			
3		5000			
4		4500			
5		9801			
6		0			
7		520000			
8		5747			
9		7200			
10		6070			
11					
12	平均値	56208			
13	最大値	520000			
14	最小値	0			
15	トリム平均	=AVERAGE(B1:B5,B8:B10			
16		AVERAGE(数値1, [数値2], ...)			
17					

次に，最大値 520000（セル B7）と最小値 0（セル B6）を取り除いた 8 つのデータの平均値（トリム平均）を，AVERAGE 関数を使って求める．この場合，離れているセルに入力されたデータの平均値をとることになる．セル B15 に「=AVERAGE(」と入力したあと，一部のデータ（B1 から B5）をドラッグして選択し，Ctrl キーを押しながら，残りのデータ（B8 から B10）をドラッグして選択する（または，一部のデータ（B1 から B5）をドラッグして選択したあと「,」を入力し，そのあと，残りのデータ（B8 から B10）をドラッグして選択してもいい）．

Enter キーを押すと，トリム平均 5260（円）が計算される（セル B15 には「=AVERAGE(B1:B5,B8:B10)」と入力される）（解答終わり）．

次は，**TRIMMEAN 関数**を使ってトリム平均を求めてみよう．

例題 3.1.2
学生 10 人の所持金額の最大値と最小値を取り除いたトリム平均を，TRIMMEAN 関数を使って求めよ．

【解答】
① トリム平均を求めるセル（C15）に「=tr」などと入力し，関数の候補の一覧から「TRIMMEAN」をダブルクリックし選択する．
② すると，「=TRIMMEAN(」と入力されるので，トリム平均をとるデータ全体（B1 から B10）をドラッグして選択する．
③ 続けて，「,2/10」を入力する（「2/10」は取り除く両端のデータの個数がデータ全部の個数に占める割合）．

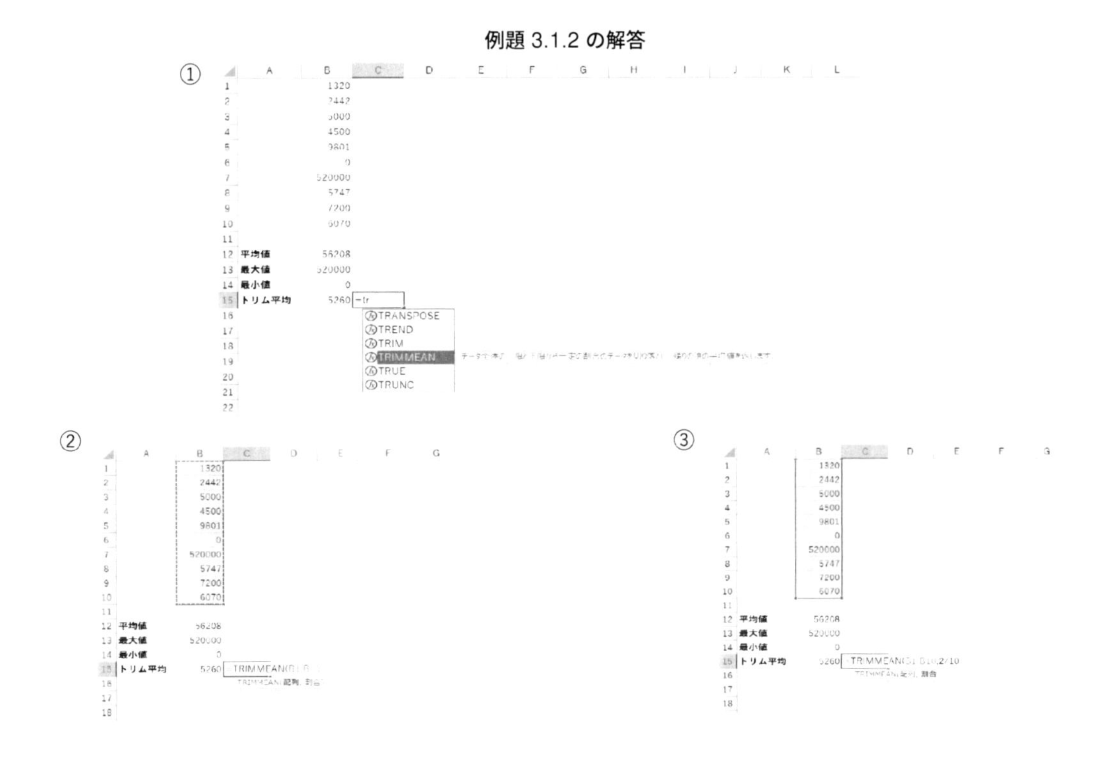

例題 3.1.2 の解答

Enter キーを押すと，トリム平均 5260（円）が計算される（セル C15 には「=TRIMMEAN(B1:B10,2/10)」と入力されていることが確認できる）（解答終わり，以下は説明）．

このように，TRIMMEAN 関数の「配列」にはトリム平均をとるデータ全部を指定して，「割合」には取り除く両端のデータの個数がデータ全部の個数に占める割合を入力するのである．この問題の場合，取り除くのは両端の 2 つのデータ（最大値と最小値）であり，それがデータ全部の個数 10 に占める割合は「2/10」である．よって，「割合」には「2/10」または「0.2」と入力すればいいということになる．

こんどは，中央値を TRIMMEAN 関数でも求めてみて，中央値は（極端な）トリム平均であることを確認しよう．

例題 3.1.3

学生 10 人の所持金額の中央値を MEDIAN 関数を使って求めよ．また，大きいほうから 4 つと小さいほうから 4 つ（計 8 つ）の値を取り除いたトリム平均を，TRIMMEAN 関数を使って求め，MEDIAN 関数で求めた中央値と一致することを確かめよ．

【解答】

① MEDIAN 関数で中央値を求める．中央値 5373.5（円）が計算される（セル B16 には「=MEDIAN(B1:B10)」と入力される）．

② 次に，大きいほうから 4 つと小さいほうから 4 つ（計 8 つ）の値を取り除いたトリム平均を，TRIMMEAN 関数を使って求める．この場合，トリム平均を計算する際に取り除くのは 8 つのデータであり，それがデータ全部の個数 10 に占める割合は「8/10」である．よって，セル C16 を「=TRIMMEAN(B1:B10,8/10)」で求める．

すると，トリム平均 5373.5（円）が計算され，MEDIAN 関数で求めた中央値と一致することが確認できる（解答終わり，以下は説明）．

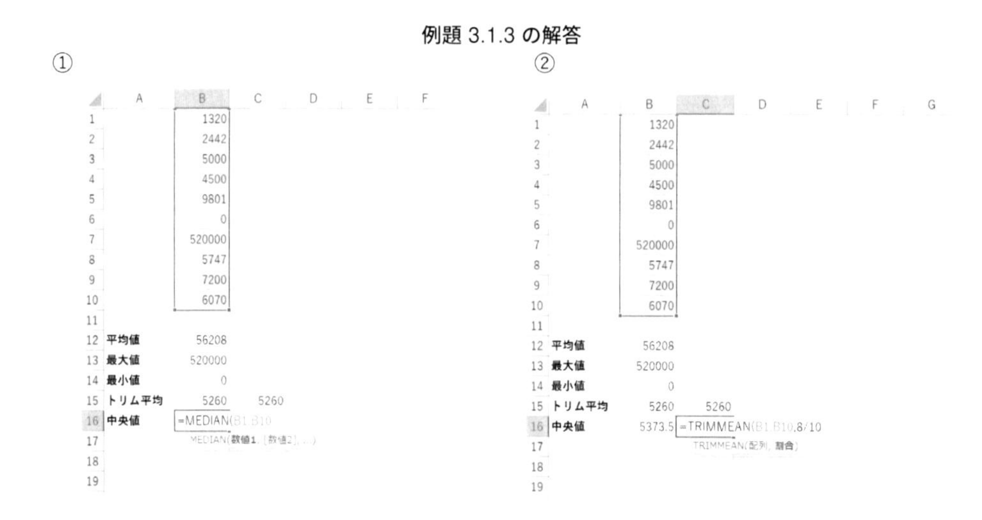

例題 3.1.3 の解答

ここで，この問題における学生 10 人の所持金額の情報から，学生はふつうどのくらいお金を持っていると考えればいいか考えてみよう．

まず，所持金額の平均値を計算してみると，56208 円となった．しかし，10 名中 9 名の学生が 10000 円未満しか持っていないのに，「学生はふつう 56208 円くらい所持している」と考えるのは無理があるであろう．こんなことが起こるのは，520000 円も所持している極端な学生が合計をひき上げている，つまり，平均値をひき上げているからである．

そこで，両端，つまり，最小値（0 円）と最大値（520000 円）はふつうでないとして，これらを取り除いた 8 人の所持金額の平均値を計算すると，

$$\frac{1320+2442+5000+4500+9801+5747+7200+6070}{8}=\frac{42080}{8}=5260$$

となり，5260 円になる．この金額なら現状をあらわしているといえて，「学生はふつう 5260 円くらい所持している」と考えてもよさそうである．これは，10 個のデータのうち両端から 1 個ずつ取り除いたトリム平均を求めているのである．

例題 3.2　TRIMMEAN 関数を使ってトリム平均を求める

あるクラスの数学のテストの点数が，28 点，25 点，26 点，28 点，29 点，25 点，19 点，25 点，100 点，27 点，25 点であった．平均点を求めよ．また，一番高い点数と一番低い点数を取り除いたトリム平均を求めよ（小数第 2 位が四捨五入された小数第 1 位までの値で求めよ）．

【解答】

① データ入力し，AVERAGE 関数で平均値，TRIMMEAN 関数でトリム平均を求める．ここで，この問題の場合，トリム平均を計算する際に取り除くのは両端の 2 つのデータであり，それがデータ全部の個数 11 に占める割合は「2/11」である．よって，トリム平均（セル B14）は「=TRIMMEAN(B1:B11,2/11)」で求める．

② 次に，平均値とトリム平均が計算されたセル（B13 と B14）を範囲指定し，ホームタブの（数値グループにある）［小数点以下の表示桁数を減らす］ボタンを，値が小数第 1 位までの表示になるまでクリックする．

求める平均点は約 32.5 点，トリム平均は約 26.4 点であることがわかる（解答終わり，以下は説明）．

このように，平均点は約 32.5 点と計算され 30 点を超えてしまっている．これは 100 点という外れ値の存在によるものであると考えられる．しかし，11 名のうち 9 名の点数が 20 点代なので「ふつうは 20 点代くらい取れるテスト」と解釈したい．そこで，両端の 19 点と 100 点を取り除いた残りの 9 つのデータでの平均値，つまり，トリム平均の計算結果を見てみると，約 26.4 点となっていて，20 点代であることが確認できる．このトリム平均の値のほうが，「ふつうの」「極端ではない」データの代表値としてはふさわしいといえる．

例題 3.2 の解答

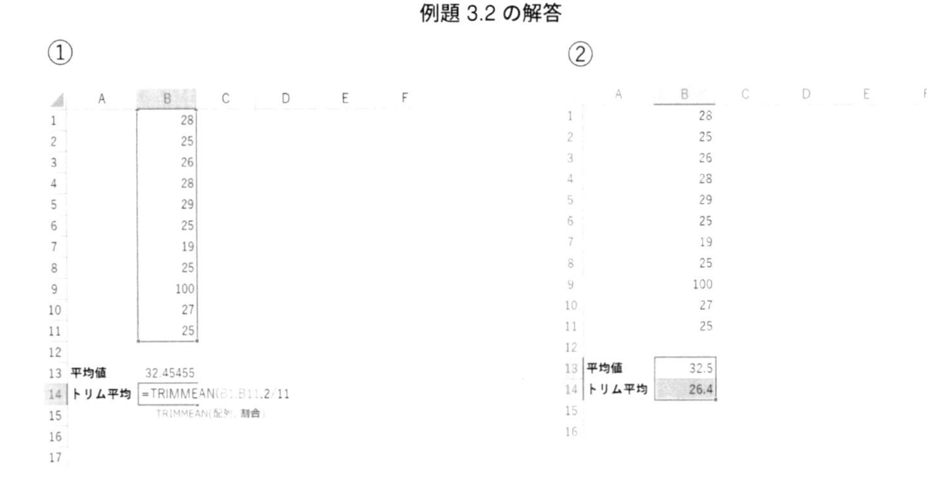

3.2　レンジ

データの範囲，つまり，

最大値 − 最小値

を**レンジ**（範囲）という．レンジの大きさは，データの収まる範囲の広さを示している．ここで，最大値から最小値をひくので，レンジは0より小さくはならないことがわかる．また，データが整数であるとは限らないので，レンジも整数になるとは限らない．

レンジを求めるときは最大値と最小値しか使わないので，レンジからデータの個数がわかるわけでもないし，平均値など全体の傾向がわかるわけでもない．極端に大きい値や小さい値に影響されやすいことも意識しておこう．

では，エクセルでレンジを求めてみよう．エクセルでは，MAX関数で求めた最大値からMIN関数で求めた最小値をひくと，レンジを求めることができる．

例題 3.3　最大値から最小値をひいてレンジを求める

あるクラスの数学のテストの点数が，48，63，81，27，96，39，72，30，54，90であった．レンジを求めよ．

【解答】

① データ入力し，MAX関数で最大値，MIN関数で最小値を求める（セルB12には「=MAX(B1:B10)」，セルB13には「=MIN(B1:B10)」と入力される）．

② 次に，レンジを求めるセル（B14）に「=」を入力し，最大値が計算されているセル（B12）をクリックする．続けて，「-」を入力し，最小値が計算されているセル（B13）をクリックする．

そして，Enterキーを押すと，レンジ69を求めることができる（図3.1参照）．

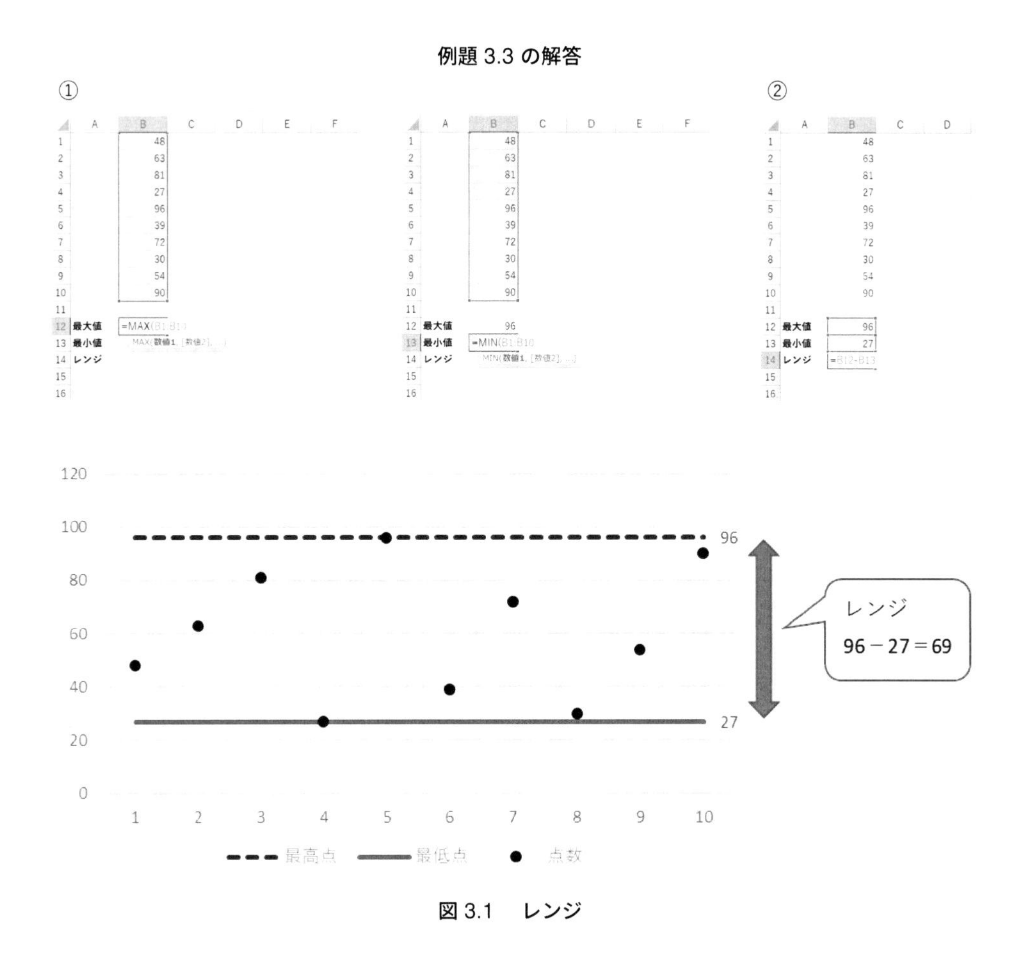

図 3.1　レンジ

例題 3.4　表のデータについてレンジを求める

表 3.1 は，ある店舗でのある商品の売上個数についてのデータ（単位：個）である．20 日間での売上個数のレンジを求めよ（サポートページからダウンロードできる元データ「第 3 章　ファイル 1」にデータ入力されている）．

表 3.1　20 日間での売上個数（元データ「第 3 章　ファイル 1」）

1日目	2日目	3日目	4日目	5日目	6日目	7日目	8日目	9日目	10日目
312	353	452	320	341	447	526	403	332	395

11日目	12日目	13日目	14日目	15日目	16日目	17日目	18日目	19日目	20日目
304	379	444	481	298	309	354	311	375	497

【解答】

MAX 関数と MIN 関数を使うと，最大値 526（個），最小値 298（個）であることがわかる（データを指定する際は，セル範囲 A2:J2 をドラッグして選択したあと，Ctrl キーを押しながら，セル範囲 A5:J5 をドラッグして選択すればいい．最大値は「=MAX(A2:J2,A5:J5)」，最小値は「=MIN(A2:J2,A5:J5)」と入力される）．

次に，レンジを求めるセルに「=」を入力し，最大値が計算されているセルをクリックする．続けて，「-」を入力し，最小値が計算されているセルをクリックする．そして，Enter キーを押すと，レンジ 228 を求めることができる．

例題 3.5　データを並べ替えることにより男女別に平均値やレンジを求める

表 3.2 は，男女別の体重についてのデータ（単位：kg）である．男女別に分かれるようにデータの並べ替えをせよ．そして，女性，男性，全員それぞれについて，体重の平均値，体重の最大値，体重の最小値を，エクセル関数を使ってそれぞれ求めよ．また，求めた値を使ってそれぞれレンジも求めよ（平均値は小数第 3 位が四捨五入された小数第 2 位までの値で求めよ）（サポートページからダウンロードできる元データ「第 3 章　ファイル 2」にデータ入力されている）．

表 3.2　男女別の体重についてのデータ（元データ「第 3 章　ファイル 2」）

番号	性別	体重（kg）
1	男性	62
2	男性	81
3	女性	53
4	女性	49
5	女性	47
6	男性	59
7	女性	50
8	男性	58
9	男性	78
10	女性	55
11	男性	67
12	男性	64
13	女性	45
14	女性	54
15	女性	51
16	男性	91
17	女性	50
18	男性	77
19	男性	65
20	女性	50
21	男性	62
22	女性	47
23	男性	57
24	男性	72
25	男性	70
26	女性	54
27	女性	57
28	男性	77
29	女性	48
30	女性	51
31	女性	60

【解答】

男女別に分かれるようにデータの並べ替えをする．そのため，性別が入力されている B 列のどこかのセルを選択した状態で，ホームタブの（編集グループにある）［並べ替えとフィルター］をクリックし，「昇順」（または「降順」）を選択する．「昇順」を選択した場合は，女性のデータが上に（2 行目から 17 行目に），男性のデータが下に（18 行目から 32 行目に）並べ替えられる（「例題 3.5 の解答①」）．

例題 3.5 の解答①

番号	性別	体重（kg）
3	女性	53
4	女性	49
5	女性	47
7	女性	50
10	女性	55
13	女性	45
14	女性	54
15	女性	51
17	女性	50
20	女性	50
22	女性	47
26	女性	54
27	女性	57
29	女性	48
30	女性	51
31	女性	60

1	男性	62
2	男性	81
6	男性	59
8	男性	58
9	男性	78
11	男性	67
12	男性	64
16	男性	91
18	男性	77
19	男性	65
21	男性	62
23	男性	57
24	男性	72
25	男性	70
28	男性	77

女性，男性，全員それぞれについて，体重の平均値を AVERAGE 関数で，最大値を MAX 関数で，最小値を MIN 関数で求める（「昇順」を選択した場合は，女性の体重の平均値は「=AVERAGE(C2:C17)」，最大値は「=MAX(C2:C17)」，最小値は「=MIN(C2:C17)」と入力される）．

平均値が計算されたセルを選択し，ホームタブの［小数点以下の表示桁数を減らす］ボタンを，値が小数第 2 位までの表示になるまでクリックする．

レンジを求めるセルに「=」を入力し，最大値が計算されているセルをクリックし，「-」を入力し，最小値が計算されているセルをクリックして求める．そして，オートフィルすると，「例題 3.5 の解答②」のように求めることができる（解答終わり）．

例題 3.5 の解答②

	平均値	最大値	最小値	レンジ
女性	51.31	60	45	15
男性	69.33	91	57	34
全員	60.03	91	45	46

このような，属性ごとの平均値などは，エクセルでは**ピボットテーブル**で求めることもできる（詳しくは第 13 章（集計）で学習する）．

例題 3.6　ピボットテーブルを使って男女別に平均値やレンジを求める

サポートページからダウンロードできる元データ「第 3 章　ファイル 2」を開き，上記の「表 3.2　男女別の体重についてのデータ（元データ「第 3 章　ファイル 2」）」のデータにおいて，女性，男性，全員それぞれについての人数，体重の平均値，体重の最大値，体重の最小値を，ピボットテーブルを使ってそれぞれ求めよ．また，求めた値を使ってそれぞれレンジも求めよ（平均値は小数第 3 位が四捨五入された小数第 2 位までの値で求めよ）．

【解答】

元データ「第 3 章　ファイル 2」を開く（作成した例題 3.5 のファイルは使わない）．
① 表中のどこかのセルを選択した状態で，挿入タブの（テーブルグループにある）［ピボットテーブル］（の「テーブルまたは範囲から」）を選択する．「テーブル/範囲」に表全体が選択されていることを確認する．OK ボタンを押すと「ピボットテーブルのフィールド」が出てくる．

「性別」，「体重」にチェックを入れる．すると，「行」ボックスに「性別」，「値」ボックスに「合計/体重（kg）」が入る．
② そして，「値」ボックス内の「合計/体重（kg）」をクリックし，値フィールドの設定を選び，「選択したフィールドのデータ」を「個数」に変更する．
③ さらに，（ピボットテーブルのフィールドの上部にある）ボックスにチェックの入った「体重（kg）」（という文字列）をドラッグして「値」ボックスに移動させる．
④ 「値」ボックスに「合計/体重（kg）」が入るので，これをクリックし，値フィールドの設定を選び，「選択したフィールドのデータ」を「平均」に変更する．
⑤ 同様のことをくり返し，「最大/体重（kg）」，「最小/体重（kg）」も求める．つまり，ふたたび（ピボットテーブルのフィールドの上部にある）ボックスにチェックの入った「体重（kg）」（という文字列）をドラッグして「値」ボックスに移動させ，「値」ボックスに入った「合計/体重（kg）」をクリックし，値フィールドの設定を選び，「選択したフィールドのデータ」を「最大」に変更する．そして，もう一度，（ピボットテーブルのフィールドの上部にある）ボックスにチェックの入った「体重（kg）」（という文字列）をドラッグして「値」ボックスに移動させ，「値」ボックスに入った「合計/体重（kg）」をクリックし，値フィールドの設定を選び，「選択したフィールドのデータ」を「最小」に変更する．
⑥ すると，女性，男性，全員についての人数，体重の平均値，最大値，最小値がそれぞれ表示される．平均値が計算されたセルを選択し，ホームタブの［小数点以下の表示桁数を減らす］ボタンを，値が小数第 2 位までの表示になるまでクリックする．

レンジを求めるセルに「=」を入力し，最大値が計算されているセル番地を入力する（「セルをクリックする」ではない）．続けて，「-」を入力し，最小値が計算されているセル番地を入力する（「セルをクリックする」ではない）．そして，オートフィルすると，図のように求めることができる．

例題 3.6 の解答

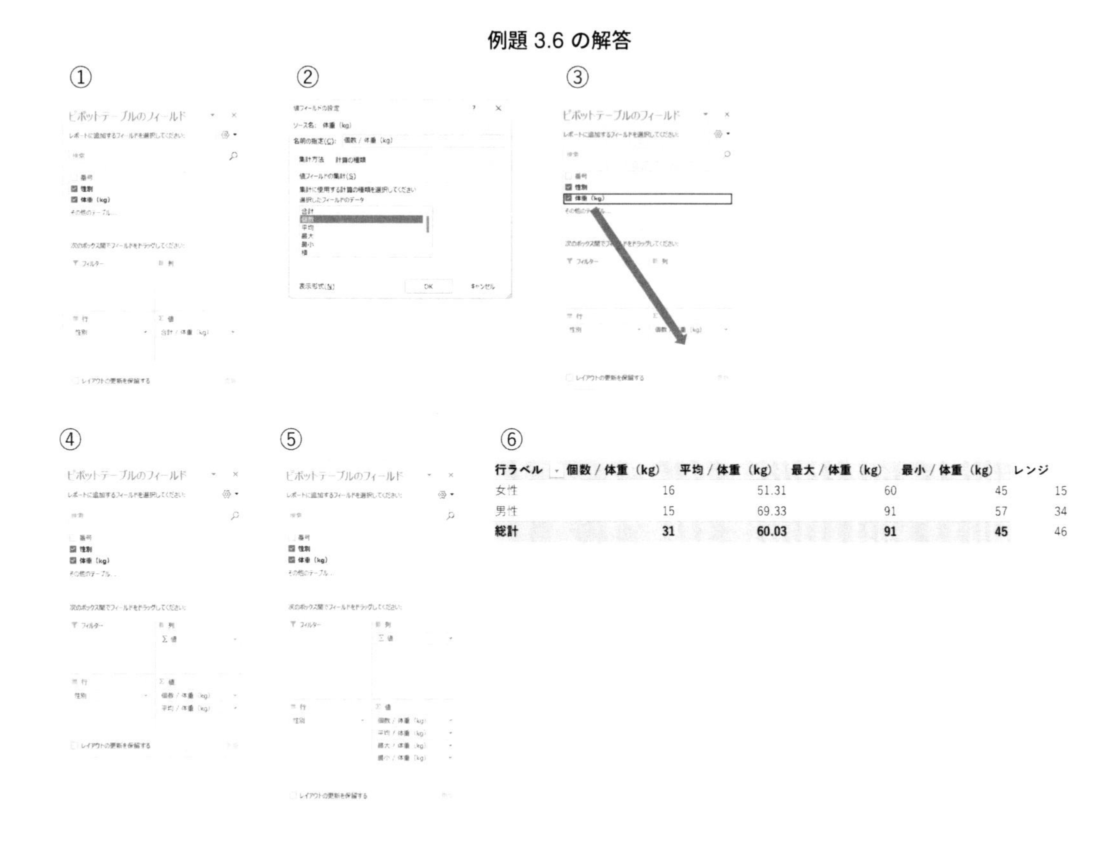

行ラベル	個数 / 体重 (kg)	平均 / 体重 (kg)	最大 / 体重 (kg)	最小 / 体重 (kg)	レンジ
女性	16	51.31	60	45	15
男性	15	69.33	91	57	34
総計	**31**	**60.03**	**91**	**45**	46

注意

（ピボットテーブル）分析タブの（ピボットテーブルグループにある）［オプション］の「GetPivotData の生成」にチェックがあるときは，ピボットテーブルのセルを数式で参照する際にそのセルをクリックして指定すると GETPIVOTDATA 関数が挿入されてしまう．この場合はオートフィルしても数値が変わらずうまくいかないので，セルをクリックして指定するのを避け，セル番地を入力したのである．なお，「GetPivotData の生成」のチェックを外せば，ピボットテーブルのセルをクリックして指定しても GETPIVOTDATA 関数は挿入されない．

3.3 演習問題

問題 3.1

表 3.3 はある店舗での月ごとの乗用車の売り上げ台数についてのデータ（単位：台）である．最大値と最小値を取り除いたトリム平均を求めよ．

表 3.3　月ごとの車の売り上げ台数

月	1	2	3	4	5	6	7	8	9	10	11	12
台数	48	29	78	43	54	66	56	60	55	50	48	80

問題 3.2

あるクラスの数学のテストの点数が，60点，90点，53点，65点，89点，34点，50点，98点，77点，9点，84点，45点，70点，55点，68点であった．一番高い点数と一番低い点数を取り除いたトリム平均を求めよ（小数第3位が四捨五入された小数第2位までの値で求めよ）．

問題 3.3

あるクラスの数学のテストの点数の最低点が21，レンジが75であった．最高点を求めよ．

問題 3.4

表3.4のような3科目のテストの結果（単位：点）について，レンジが最も大きい科目はどれか．また，そのレンジを求めよ．

表3.4　学生AからFの3科目のテストの点数

	国語	数学	英語
A	76	32	94
B	88	70	80
C	78	70	74
D	45	78	47
E	89	78	60
F	80	41	50

問題 3.5

表3.5のような3科目のテストの結果（単位：点）について，a，b，c，d，e，f，gにあてはまる数値を求めよ．ただし，同じ文字には同じ数値があてはまるとする．

表3.5　学生AからFの3科目のテストの点数

	国語	数学	英語
A	75	c	65
B	a	70	80
C	66	70	74
D	70	77	47
E	89	78	96
F	47	56	50
最大値	a	d	e
最小値	b	c	f
レンジ	43	43	g

第4章

分散と標準偏差

本章では，まずデータは平均値を中心にばらついていることを視覚的に確認する．ばらつきが大きいデータ分布もあれば，ばらつきの小さいデータ分布もあることを理解する．そして，データ分布のばらつきの大きさを１つの数値であらわすにはどうすればいいのかを考え，分散と標準偏差の求め方を学習する．

また，エクセルを使ってそれらを求める演習を行う．

第４章で学習すること

1. 分散とは何かを知る．
2. 分散を VAR.P 関数で求める．
3. Excel アドインのデータ分析ツールの「基本統計量」で統計情報を求める．

平均	69.8
標準誤差	4.3762
中央値（メジアン）	69
最頻値（モード）	78
標準偏差	13.8388
分散	191.511
尖度	-1.1392
歪度	0.05127
範囲	40
最小	50
最大	90
合計	698
データの個数	10

4. 標準偏差とは何かを知る．
5. 標準偏差を STDEV.P 関数で求める．
6. 偏差（データと平均値との差）を棒グラフであらわす．

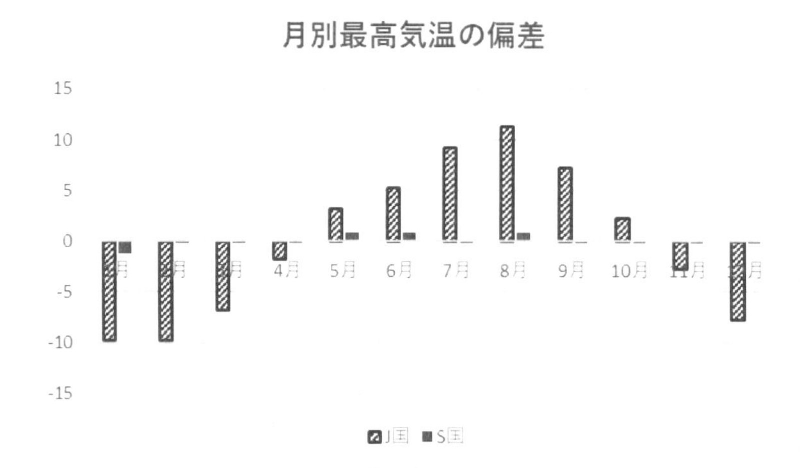

4.1 分散

第1章，第2章で学習した平均値，中央値，そして，最頻値は，データの中心的傾向をあらわす値であり，いわばデータを代表する値である．たとえば，平均値は，その周辺にデータが分布しているというデータの「位置」のようなものである．しかし，それを知るだけでは，その周辺のどのくらいにデータが広がっているのか，また，どのようにデータが散らばっているのかまではわからない．もし2つの会社の平均給与がまったく同じであったとしても，一方は社員によって給与にばらつきが大きく，もう一方はどの社員も同じ給与であったとすると，社員にとっても就活生にとってもとても大きな違いとなるだろう．

このようなデータ分布のばらつき具合はグラフで可視化するとわかりやすい．たとえば，表4.1は朝のラッシュ時の市バスの停留所Oにおいて，それぞれ系統の違う市バスAと市バスBが定時から何分過ぎて到着したのかをあらわしている．

表 4.1　バスの到着時間の遅れ（分）（元データ「第 4 章　ファイル 1」）

定時	7:00	7:10	7:20	7:30	7:40	7:50	8:00	8:10	8:20	8:30
市バスA	3	4	5	4	5	5	5	6	6	7
市バスB	0	0	2	4	5	8	7	7	9	8

どちらのバスも到着時間の遅れの平均をとると5（分）になる．この平均値5（分）を基準として棒グラフを作成すると，図4.1のようになる．

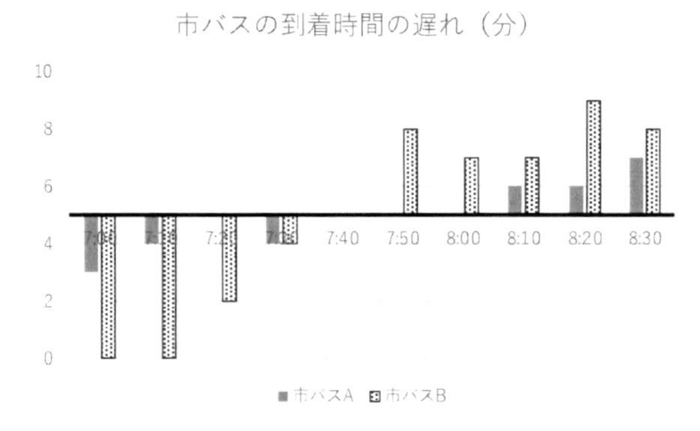

図 4.1　バスの到着時間の遅れ（分）の棒グラフ

こうして見ると，市バスAの到着時間の遅れは平均値5分あたりで安定していて，市バスBの到着時間の遅れは平均値5分を中心に大きくばらついていることがわかる．しかし，両者の平均的な到着時間の遅れ（5分）だけを知ったところで，このようなばらつき具合の違いまではまったくわからないのである．

そこで，このようなばらつきの大きさを「1つの数値」であらわしたい，と考える．それができれば，「市バスBのほうが市バスAより到着時間の遅れのばらつきが大きい」というような「ばらつきの大きさの比較」が「数値の大きさの比較」によってできるようになる．次の例題で考えてみよう．

例題 4.1　分散を計算する

上記の「表 4.1　バスの到着時間の遅れ（分）」のデータについて，以下の手順に従ってエクセルで作業を行え（サポートページからダウンロードできる元データ「第 4 章　ファイル 1」にデータ入力されている）．

例題 4.1.1

市バス A の到着時間の遅れ（分）の平均値と市バス B の到着時間の遅れ（分）の平均値をセル M3 と M4 にそれぞれ関数で求めよ．

【解答】

AVERAGE 関数を使うと，市バス A の到着時間の遅れ（分）の平均値と市バス B の到着時間の遅れ（分）の平均値はどちらも 5（分）であることがわかる．

例題 4.1.2

到着時間の遅れ（分）のデータ（B3:K4）のそれぞれから平均値をひいたもの（**偏差**という）をセル範囲 B6:K7 に計算せよ．

【解答】

入力モードを「半角英数字」にし，セル B6 に「=」を入力する．続けて，データが入力されているセル B3 をクリックし，「-」を入力する．そして，平均値が計算されているセル（M3）をクリックし，続けて F4 キーを 3 回押す．すると，「=B3-$M3」と入力される（これは，右へオートフィルする際に列番号 M を固定するために，その前に「$」をつけているのである．なお，6 行目（市バス A）と 7 行目（市バス B）ではデータからひく平均値がそれぞれ違うので，行番号 3 は固定してはいけない）．

セル B6 をセル B7 までオートフィルし，このままセル範囲 B6:B7 が選択されている状態で，この範囲を K 列までオートフィルする（解答終わり，以下は説明）．

表 4.2　バスの到着時間の遅れ（分）と平均値との差（偏差）

市バスA（偏差）	-2	-1	0	-1	0	0	0	1	1	2
市バスB（偏差）	-5	-5	-3	-1	0	3	2	2	4	3

これらの値は各データと平均値との差（偏差）をあらわしていて，市バス A のほうは 0 に近い値が多く，市バス B のほうは 0 を中心に振れ幅が大きいことがわかる（表 4.2）．この違いを

「1つの値」であらわしたいのである．とりあえず，これらの平均値をそれぞれとってみよう．

例題 4.1.3

例題 4.1.2 で計算した「表 4.2　バスの到着時間の遅れ（分）と平均値との差（偏差）」のデータ（B6:K7）において，「市バス A（偏差）」と「市バス B（偏差）」についての平均値をセル M6 と M7 にそれぞれ関数で求めよ．

【解答】

AVERAGE 関数を使うと，市バス A と市バス B について，偏差の平均値はどちらも 0（分）であることがわかる（解答終わり，以下は説明）．

偏差の平均値を計算するとどちらも 0 になってしまった．これでは違いがわからない．偏差の平均値が 0 になってしまったのは，プラスマイナスを付けたまま平均をとったので，お互いに打ち消しあってしまい，合計が 0 になってしまったからである（どのようなデータについても偏差の合計は 0 になる）．

そこで，プラスマイナスを全部プラスにするために，こんどは偏差を 2 乗してから平均値をとってみよう．

例題 4.1.4

例題 4.1.2 で計算した「表 4.2　バスの到着時間の遅れ（分）と平均値との差（偏差）」のデータ（B6:K7）のそれぞれを 2 乗したものをセル範囲 B9:K10 に計算せよ．

【解答】

入力モードを「半角英数字」にし，セル B9 に「=」を入力する．続けて，偏差が計算されているセル（B6）をクリックし，そのあとに「^2」を入力する．すると，「=B6^2」と入力される（これはセル B6 の値の 2 乗を求める計算式である．「=B6*B6」でもいい）．セル B9 をセル B10 までオートフィルし，このままセル範囲 B9:B10 が選択されている状態で，この範囲を K 列までオートフィルする．これで全部プラスの値になった（表 4.3）．

表 4.3　［バスの到着時間の遅れ（分）と平均値との差］（偏差）の 2 乗

市バスA（偏差^2）	4	1	0	1	0	0	0	1	1	4
市バスB（偏差^2）	25	25	9	1	0	9	4	4	16	9

例題 4.1.5
例題 4.1.4 で計算した「表 4.3　[バスの到着時間の遅れ（分）と平均値との差]（偏差）の 2 乗」のデータ（B9:K10）において，「市バス A（偏差 ^{2}）」と「市バス B（偏差 ^{2}）」についての平均値をセル M9 と M10 にそれぞれ関数で求めよ．

【解答】
AVERAGE 関数を使うと，市バス A と市バス B について，[偏差の 2 乗] の平均値はそれぞれ 1.2（分 ^{2}）と 10.2（分 ^{2}）であることがわかる（解答終わり，以下は説明）．

これらの値（[偏差の 2 乗] の平均値）は，データのばらつきが小さい市バス A のほうでは小さく，データのばらつきが大きい市バス B のほうでは大きくなり，両者のばらつきの大きさをあらわしている値だといえる．これらの値のことを**分散**とよぶ．つまり，**[偏差（データと平均値との差）の 2 乗] の平均値**のことを分散とよぶということである．ここで，平均値というのは合計を個数でわった値なので，分散は，**[偏差の 2 乗] の合計を個数でわった値**であるといいかえることができる．これはもちろん，データがすべて同じ値であった場合は 0 になり，データのばらつきが大きい場合は大きくなる．
こんどは，エクセル関数を使って分散を求めてみよう．**VAR.P 関数**を使うと分散を求めることができる．

例題 4.1.6
市バス A の到着時間の遅れ（分）の分散と市バス B の到着時間の遅れ（分）の分散をセル N3 と N4 にそれぞれエクセル関数で求めよ（O 列の標準偏差については例題 4.4 で求める）．

【解答】
VAR.P 関数を使うと，市バス A の到着時間の遅れ（分）の分散と市バス B の到着時間の遅れ（分）の分散はそれぞれ 1.2（分 ^{2}）と 10.2（分 ^{2}）であることがわかる（セル N3 には「=VAR.P(B3:K3)」，セル N4 には「=VAR.P(B4:K4)」と入力される）（解答終わり）．

また，データタブの（分析グループにある）[**データ分析**] を選択して，分析ツールを使っても分散などの基本統計量を求めることができる（ただし，後述のように，分析ツールで求められる「分散」は，VAR.P 関数で求められる分散とは値が異なる）．

例題 4.1.6 の解答

X20 fx

	A	B	C	D	E	F	G	H	I	J	K	L	M	N	O	P
1													平均値	分散	標準偏差	
2	定時	7:00	7:10	7:20	7:30	7:40	7:50	8:00	8:10	8:20	8:30					
3	市バスA	3	4	5	4	5	5	5	6	6	7		5	1.2		
4	市バスB	0	0	2	4	5	8	7	7	9	8		5	10.2		
5																
6	市バスA（偏差）	-2	-1	0	-1	0	0	0	1	1	2		0			
7	市バスB（偏差）	-5	-5	-3	-1	0	3	2	2	4	3		0			
8																
9	市バスA（偏差^2）	4	1	0	1	0	0	0	1	1	4		1.2			
10	市バスB（偏差^2）	25	25	9	1	0	9	4	4	16	9		10.2			
11																
12																

例題 4.1.7

市バス A の到着時間の遅れ（分）の平均値と市バス B の到着時間の遅れ（分）について，Excel アドインのデータ分析ツールの「基本統計量」で求められる「分散」をそれぞれ求めよ（小数第 2 位が四捨五入された小数第 1 位までの値で求めよ）．

【解答】

① まず，データタブの（分析グループにある）［データ分析］を選択して，分析ツールの「基本統計量」を選ぶ

（［データ分析］ボタンが見あたらないときは，ファイルタブの（「その他...」の）「オプション」から「アドイン」を選択する．下のほうにある「Excel アドイン」の右にある「設定...」をクリックし，「分析ツール」にチェックを入れる．また，チェックを入れても［データ分析］ボタンが出てこない場合は，ファイルを閉じて，もう一度開く）．

② 「入力範囲」を入れる場所にカーソルを置いて，セル A3 からセル K4 をドラッグして指定する．「データ方向」は「行」にする（行は横並びで列は縦並びである）．さらに，「先頭列をラベルとして使用」にチェックを入れる．これは，「入力範囲」にセル A3（「市バス A」）と A4（「市バス B」）が入っているからである．「出力先」を選択し，それを入れる場所にカーソルを置いて，シート内の空いているセルをクリックし指定する．そして，「統計情報」にチェックを入れる．

③ すると，平均，中央値，最頻値，標準偏差，レンジ（範囲），最大値，最小値，合計などの統計量の一覧が出てくる．

市バス A の到着時間の遅れ（分）と市バス B の到着時間の遅れ（分）について，Excel アドインのデータ分析ツールの「基本統計量」で求められる「分散」はそれぞれ約 1.3（分^2）と約 11.3（分^2）であることがわかる（解答終わり，以下は説明）．

このような分析ツールで求められる「分散」は，VAR.P 関数で求められる分散とは値が異なることに注意しよう．つまり，［偏差の 2 乗］の合計を個数でわった値ではないということであ

例題 4.1.7 の解答

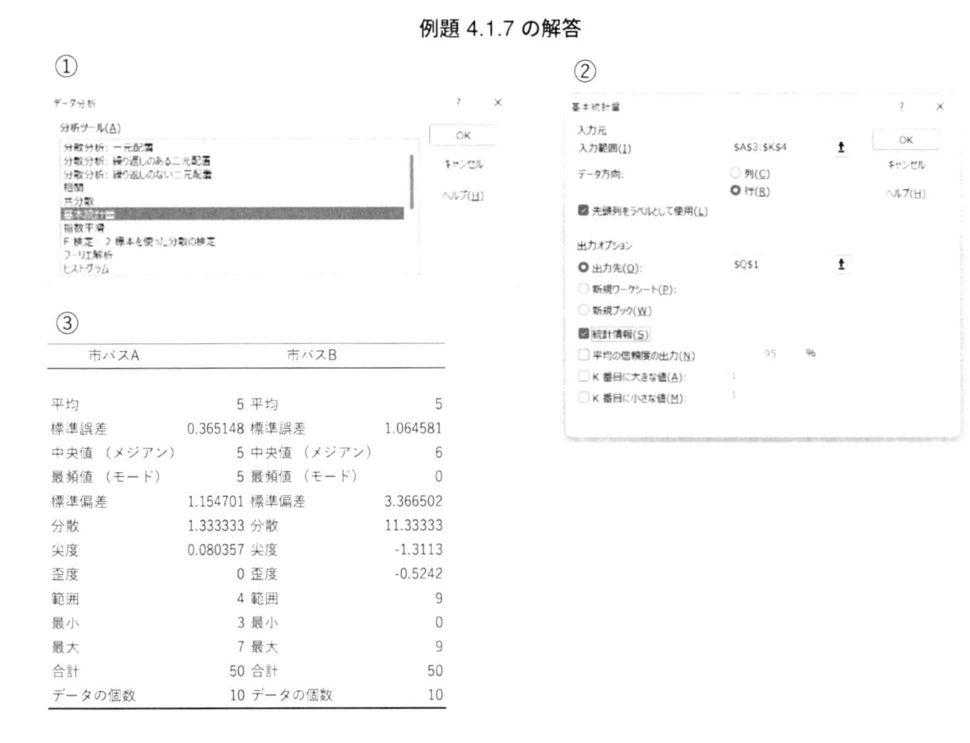

市バスA		市バスB	
平均	5	平均	5
標準誤差	0.365148	標準誤差	1.064581
中央値（メジアン）	5	中央値（メジアン）	6
最頻値（モード）	5	最頻値（モード）	0
標準偏差	1.154701	標準偏差	3.366502
分散	1.333333	分散	11.33333
尖度	0.080357	尖度	-1.3113
歪度	0	歪度	-0.5242
範囲	4	範囲	9
最小	3	最小	0
最大	7	最大	9
合計	50	合計	50
データの個数	10	データの個数	10

る．分析ツールで求められる「分散」は，**［偏差の 2 乗］の合計を（個数 − 1）でわった値**なのである．このように求められる「分散」のことを**不偏分散**とよぶ．

以下，単に分散と記すときは VAR.P 関数で求められる分散（［偏差の 2 乗］の合計を個数でわった値）のことを指すこととする．

> **補足**
> **VAR.S 関数**を使うと不偏分散を求めることができる．

例題 4.2　分散と不偏分散を求める

あるクラスの数学のテストの点数が，70，88，54，66，78，56，68，90，78，50 であった．このデータについて次の問に答えよ．

例題 4.2.1

平均値と分散を求めよ．

【解答】

データ入力し，AVERAGE 関数で平均値，VAR.P 関数で分散を求める．

平均値が 69.8（点），分散が 172.36（点^2）であることがわかる．

例題 4.2.1 の解答

IF　fx　=VAR.P(B1:B10

	A	B	C	D	E	F	G	H
1		70						
2		88						
3		54						
4		66						
5		78						
6		56						
7		68						
8		90						
9		78						
10		50						
11								
12	平均値	69.8						
13	分散	=VAR.P(B1:B10						
14		VAR.P(数値1, [数値2], ...)						
15								

例題 4.2.2

Excel アドインのデータ分析ツールの「基本統計量」で求められる「分散」を求めよ（小数第 3 位が四捨五入された小数第 2 位までの値で求めよ）．

【解答】

① データタブの（分析グループにある）［データ分析］を選択して，分析ツールの「基本統計量」を選ぶ．

「入力範囲」を入れる場所にカーソルを置いて，データが入力されているセル範囲（B1 から B10）をドラッグして指定する．また，「データ方向」を選択する（「例題 4.2.1 の解答」のように縦にデータ入力した場合は「データ方向」を「列」にする．なお，横にデータ入力した場合は「データ方向」を「行」にすればよい）．「出力先」を選択し，それを入れる場所にカーソルを置いて，シート内の空いているセルをクリックし指定する．そして，「統計情報」にチェックを入れる．

② エクセルアドインのデータ分析ツールの「基本統計量」で求められる「分散」は約 191.51（点^2）であることがわかる．

例題 4.2.2 の解答

①

②

平均	69.8
標準誤差	4.3762
中央値（メジアン）	69
最頻値（モード）	78
標準偏差	13.8388
分散	191.511
尖度	-1.1392
歪度	0.05127
範囲	40
最小	50
最大	90
合計	698
データの個数	10

4.2　標準偏差

分散はデータのばらつきをあらわす統計量であるが，問題点がある．まずは，元のデータと単位が変わってしまっていることである．これは，分散の求め方が，［偏差（各データと平均値との差）の 2 乗］の平均をとるというものであり，計算過程で「2 乗」されてしまうので，単位も「2 乗」されることになってしまうからである．さらに，値が大きくなりすぎてしまうという問題も起こる．このことを確認するために，次の例題で考えてみよう．

例題 4.3　標準偏差を計算する

表 4.4 は 7 人の体重についてのデータ（単位：kg）である．このデータについて，以下の手順に従ってエクセルで作業を行え（サポートページからダウンロードできる元データ「第 4 章　ファイル 2」にデータ入力されている）.

表 4.4　7 人の体重についてのデータ（元データ「第 4 章　ファイル 2」）

体重（kg）	49	45	67	58	72	52	70

例題 4.3.1

平均値と分散をセル I2 と J2 にそれぞれ関数で求めよ．

【解答】

AVERAGE 関数で平均値，VAR.P 関数で分散を求める．平均値は 59（kg），分散は 100（kg^2）であることがわかる（解答終わり，以下は説明）．

ここでは分散を関数で求めたので，計算過程が見えない．しかし，分散 100 を計算で求める手順を考えてみると，各データから平均値をひいて，それの 2 乗を計算するという過程がある．データから平均値をひいても単位は kg のままだが，それを 2 乗する段階で単位が kg^2 になってしまう．つまり，分散の単位は元のデータと同じ単位とはならないのである．

次は，各データと平均値との差（偏差）を計算し，データが平均値からどの程度ばらついているかを調べてみよう．

例題 4.3.2

各データと平均値との差（偏差）をセル範囲 B3:H3 にそれぞれ計算せよ．

【解答】

入力モードを「半角英数字」にし，セル B3 に「=」を入力する．続けて，データが入力されているセル B2 をクリックして，「-」を入力する．そして，平均値が計算されているセル（I2）をクリックし，続けて F4 キーを押す．すると，「=B2-$I$2」と入力される（もしくは，行番号は固定する必要はないので，F4 キーを 3 回押し，「=B2-$I2」としてもいい）．

セル B3 をセル H3 までオートフィルする（解答終わり，以下は説明）．

表 4.5　7 人の体重についてのデータと偏差

体重（kg）	49	45	67	58	72	52	70
平均値との差（偏差）	-10	-14	8	-1	13	-7	11

このように，平均値との差（偏差）はせいぜいプラスマイナス 10 程度である（表 4.5）．それに対し，分散の値は 100 であり，ばらつきの程度をあらわす値としては大きすぎることがわかる．これでは直感的にわかりにくい．

そこで，分散についての「単位が 2 乗されてしまう問題」と「ばらつきの程度をあらわす値としては大きすぎるという問題」を同時に解決するために，分散（単位込み）のルートをとってみると，

$$\sqrt{100\,\mathrm{kg}^2} = 10\,\mathrm{kg}$$

となる．これで，単位も元のデータと同じ kg に戻って解釈しやすくなった．値も 10 になって小さくなり，平均値からの離れ具合を平均した感じになっている．データは平均値を中心にプラスマイナス 10 程度の範囲で分布している，ということができる．

この「分散のルートをとった値」のことを**標準偏差**とよぶ．つまり，

$$\sqrt{\textbf{分散}} = \textbf{標準偏差}$$

である．また，もちろん

$$\textbf{標準偏差}^2 = \textbf{分散}$$

となり，標準偏差もデータのばらつきをあらわす．標準偏差の単位は元のデータと同じ単位となり，標準偏差と分散の単位は互いに異なることに注意しよう．

例題 4.3.3

セル K2 に標準偏差の値を，分散の値にルートをとる（1/2 乗する）ことで求めよ．

【解答】

入力モードを「半角英数字」にし，セル K2 に「=」を入力する．続けて，分散が計算されているセル（J2）をクリックし，そのあとに「^(1/2)」と入力する（1/2 乗の意味である）．すると，「=J2^(1/2)」と入力される．標準偏差 10（kg）が計算される（解答終わり）．

次は，エクセル関数を使って標準偏差を求めてみよう．**STDEV.P 関数**を使うと標準偏差を求めることができる．

例題 4.3.4

セル L2 にエクセル関数を使って標準偏差の値を求めよ．

【解答】

STDEV.P 関数を使うと，標準偏差 10（kg）が計算される（セル L2 には「=STDEV.P(B2:H2)」と入力される）（解答終わり）．

例題 4.3.4 の解答

Q19　fx

	A	B	C	D	E	F	G	H	I	J	K	L	M
1									平均値（kg）	分散（kg^2）	標準偏差（kg）		
2	体重（kg）	49	45	67	58	72	52	70	59	100	10	10	
3	平均値との差（偏差）	-10	-14	8	-1	13	-7	11					
4													
5													
6													

また，標準偏差も分散と同様，分析ツールを使って求めることができる（ただし，後述のように，分析ツールで求められる「標準偏差」は，STDEV.P 関数で求められる標準偏差とは値が異

なる).

例題 4.3.5

Excel アドインのデータ分析ツールの「基本統計量」で求められる「標準偏差」を求めよ（小数第 3 位が四捨五入された小数第 2 位までの値で求めよ).

【解答】

① まず，データタブの（分析グループにある）［データ分析］を選択して，分析ツールの「基本統計量」を選ぶ.

「入力範囲」を入れる場所にカーソルを置いて，セル A2 からセル H2 をドラッグして指定する.「データ方向」は「行」にする．さらに，「先頭列をラベルとして使用」にチェックを入れる.「出力先」を選択し，それを入れる場所にカーソルを置いて，シート内の空いているセルをクリックし指定する．そして，「統計情報」にチェックを入れる.

② すると，平均，中央値，最頻値，標準偏差，レンジ（範囲)，最大値，最小値，合計などの統計量の一覧が出てくる.

Excel アドインのデータ分析ツールの「基本統計量」で求められる「標準偏差」は約 10.80 (kg) であることがわかる（解答終わり，以下説明).

例題 4.3.5 の解答

①

②

体重（kg）	
平均	59
標準誤差	4.082483
中央値 （メジアン）	58
最頻値 （モード）	#N/A
標準偏差	10.80123
分散	116.6667
尖度	-2.036023
歪度	-0.008888
範囲	27
最小	45
最大	72
合計	413
データの個数	7

このような分析ツールで求められる「標準偏差」は，STDEV.P 関数で求められる標準偏差とは値が異なることに注意しよう．VAR.P 関数で求められる分散のルートをとったものではない

ということである．分析ツールで求められる「標準偏差」は，**分析ツールで求められる「分散」（不偏分散）のルートをとったもの**である．つまり，**［偏差の 2 乗］の合計を（個数－1）でわった値のルートをとったもの**である．このように求められる「標準偏差」のことを**不偏分散による標準偏差**とよぶ．

以下，単に標準偏差と記すときは STDEV.P 関数で求められる標準偏差（［偏差の 2 乗］の合計を個数でわった値のルートをとったもの）のことを指すこととする．

> **補足**
> **STDEV.S 関数**を使うと不偏分散による標準偏差を求めることができる．

例題 4.4　STDEV.P 関数を使って標準偏差を求める

作成した例題 4.1 のファイルを開き，上記の「表 4.1　バスの到着時間の遅れ（分）（元データ「第 4 章　ファイル 1」）」について，市バス A の到着時間の遅れ（分）の標準偏差と市バス B の到着時間の遅れ（分）の標準偏差をセル O3 と O4 にそれぞれ関数で求めよ（標準偏差は小数第 2 位が四捨五入された小数第 1 位までの値で求めよ）．

【解答】

作成した例題 4.1 のファイルを開く．

STDEV.P 関数を使うと，市バス A の到着時間の遅れ（分）の標準偏差と市バス B の到着時間の遅れ（分）の標準偏差はそれぞれ約 1.1（分）と約 3.2（分）であることがわかる（セル O3 には「=STDEV.P(B3:K3)」，セル O4 には「=STDEV.P(B4:K4)」と入力される）（解答終わり）．

例題 4.4 の解答

定時	7:00	7:10	7:20	7:30	7:40	7:50	8:00	8:10	8:20	8:30	平均値	分散	標準偏差
市バスA	3	4	5	4	5	5	5	6	6	7	5	1.2	1.1
市バスB	0	0	2	4	5	8	7	7	9	8	5	10.2	3.2
市バスA（偏差）	−2	−1	0	−1	0	0	0	1	1	2	0		
市バスB（偏差）	−5	−5	−3	−1	0	3	2	2	4	3	0		

市バス A の到着時間の遅れ（分）については，平均値からプラスマイナス 1.1（分）程度離れているのが平均的であり，市バス B の到着時間の遅れ（分）については，平均値からプラスマイナス 3.2（分）程度離れているのが平均的である，ということができる．

例題 4.5　標準偏差と「不偏分散による標準偏差」を求める

あるクラスの数学のテストの点数が，48，63，81，27，96，39，72，30，54，90 であった．このデータについて次の問に答えよ．

例題 4.5.1

平均値，分散，標準偏差を求めよ（標準偏差は小数第 3 位が四捨五入された小数第 2 位までの値で求めよ）.

【解答】

データ入力し，AVERAGE 関数で平均値，VAR.P 関数で分散，STDEV.P 関数で標準偏差を求める．平均値が 60（点），分散が 540（点^2），標準偏差が約 23.24（点）であることがわかる．

例題 4.5.1 の解答

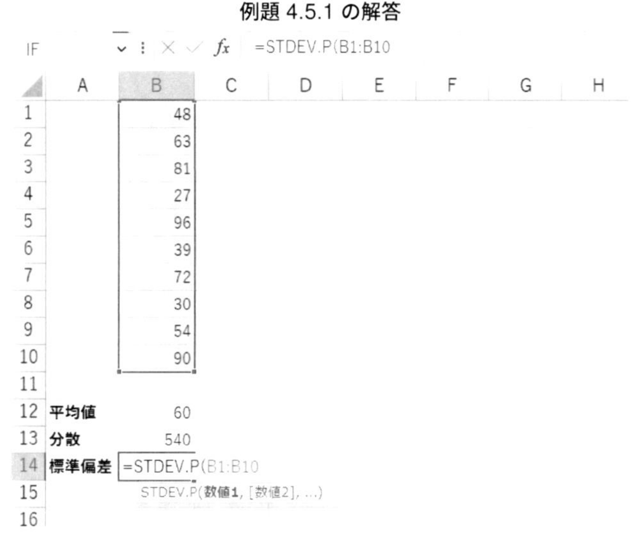

例題 4.5.2

Excel アドインのデータ分析ツールの「基本統計量」で求められる「標準偏差」を求めよ（小数第 3 位が四捨五入された小数第 2 位までの値で求めよ）.

【解答】

データタブの（分析グループにある）「データ分析」を選択して，分析ツールの「基本統計量」を選ぶ．

「入力範囲」を入れる場所にカーソルを置いて，データが入力されている範囲をドラッグして指定する．「データ方向」を選択する（「例題 4.5.1 の解答」のように縦にデータ入力した場合は「データ方向」を「列」にする）．「出力先」を選択し，それを入れる場所にカーソルを置いて，シート内の空いているセルをクリックし指定する．そして，「統計情報」にチェックを入れる．

Excel アドインのデータ分析ツールの「基本統計量」で求められる「標準偏差」は約 24.49

（点）であることがわかる．

注意
「例題 4.5.2 の解答」では標準偏差が「24.495」と表示されているが，これは小数第 4 位が四捨五入されて小数第 3 位までの表示になっている値である．これだけを見て，約 24.50 としてしまわないように気をつけよう．実際，小数点以下の表示桁数を増やすと「24.4949」となることが確認できる．

例題 4.5.2 の解答

平均	60
標準誤差	7.746
中央値（メジアン）	58.5
最頻値（モード）	#N/A
標準偏差	24.495
分散	600
尖度	-1.3581
歪度	0.0995
範囲	69
最小	27
最大	96
合計	600
データの個数	10

例題 4.6　偏差を棒グラフであらわす

表 4.6 は各国の月別の最高気温についてのデータ（単位：℃）である．このデータについて次の問に答えよ（サポートページからダウンロードできる元データ「第 4 章　ファイル 3」にデータ入力されている）．

表 4.6　各国の月別の最高気温（元データ「第 4 章　ファイル 3」）

	1月	2月	3月	4月	5月	6月	7月	8月	9月	10月	11月	12月
J国	10	10	13	18	23	25	29	31	27	22	17	12
H国	18	19	21	24	28	29	30	29	29	26	23	21
S国	27	28	28	28	29	29	28	29	28	28	28	28
F国	8	9	10	14	17	21	22	22	19	14	10	8
I国	12	13	15	19	23	28	31	31	28	22	17	13

例題 4.6.1

月別最高気温の平均値とレンジを各国についてそれぞれ求めよ（S 国の平均値は小数第 3 位が四捨五入された小数第 2 位までの値で求めよ）．また，月別最高気温の標準偏差が一番大きい国と一番小さい国はどれかそれぞれ答え，その標準偏差をそれぞれ求めよ（標準偏差は小数第 3 位が四捨五入された小数第 2 位までの値で求めよ）．

【解答】

平均値は AVERAGE 関数で求める．レンジは，MAX 関数で求めた最大値から MIN 関数で求めた最小値をひいて求める．標準偏差は STDEV.P 関数で求める．

標準偏差が一番大きいのは J 国で，その標準偏差は約 7.15（℃）であり，標準偏差が一番小さいのは S 国で，その標準偏差は約 0.55（℃）であることがわかる．

例題 4.6.1 の解答

	平均	最高	最低	レンジ	標準偏差
J国	19.75	31	10	21	7.15
H国	24.75	30	18	12	4.13
S国	28.17	29	27	2	0.55
F国	14.5	22	8	14	5.30
I国	21	31	12	19	6.88

例題 4.6.2

月別最高気温の偏差を各国についてそれぞれ求めて，偏差の表を完成させよ．また，月別最高気温の標準偏差が一番大きい国と一番小さい国それぞれについて，月別最高気温の偏差を棒グラフであらわし比較せよ．

【解答】

① 入力モードを「半角英数字」にし，セル B10 に「=」を入力する．続けて，J 国の 1 月のデータが入力されているセル B2 をクリックし，「-」を入力する．そして，J 国の平均値が計算されているセル（O2）をクリックし，続けて F4 キーを 3 回押す．すると，「=B2-$O2」と入力される（そうすると，「$」をつけた列番号 O を固定してオートフィルすることができる．なお，各国についてデータからひく平均値がそれぞれ違うので，行番号 2 は固定してはいけない）．

セル B10 をセル B14 までオートフィルし，このままセル範囲 B10:B14 が選択されている状態で，この範囲を M 列までオートフィルする（表 4.7）．

② 次に，月別最高気温の標準偏差が一番大きい国（J 国）と一番小さい国（S 国）について，月別最高気温の偏差をそれぞれ棒グラフであらわし比較する．

月名，そして，J 国と S 国のそれぞれの偏差の 3 行分（A9:M10 と A12:M12）を選択して，挿入タブの（グラフグループにある）［縦棒/横棒グラフの挿入］の「2-D 縦棒」の「集合縦棒」を選べばいい（図 4.2）（データを選択する際は，セル範囲 A9:M10 をドラッグして選択したあと，Ctrl キーを押しながら，セル範囲 A12:M12 をドラッグして選択する）．

表 4.7　各国の月別最高気温の偏差

偏差

	1月	2月	3月	4月	5月	6月	7月	8月	9月	10月	11月	12月
J国	-9.8	-9.8	-6.8	-1.8	3.25	5.25	9.25	11.3	7.25	2.25	-2.8	-7.8
H国	-6.8	-5.8	-3.8	-0.8	3.25	4.25	5.25	4.25	4.25	1.25	-1.8	-3.8
S国	-1.2	-0.2	-0.2	-0.2	0.83	0.83	-0.2	0.83	-0.2	-0.2	-0.2	-0.2
F国	-6.5	-5.5	-4.5	-0.5	2.5	6.5	7.5	7.5	4.5	-0.5	-4.5	-6.5
I国	-9	-8	-6	-2	2	7	10	10	7	1	-4	-8

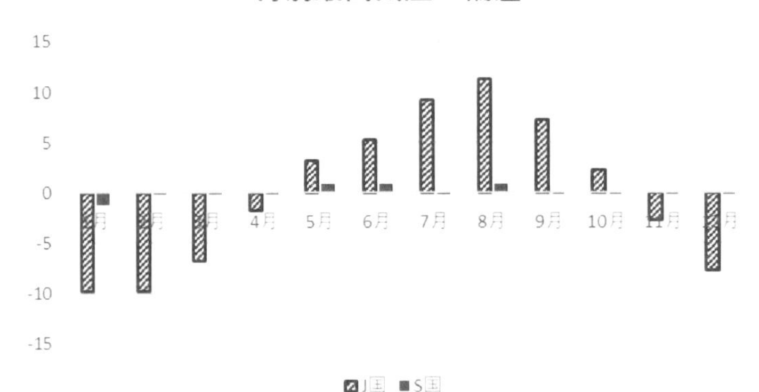

図 4.2　月別最高気温の偏差の棒グラフ

4.3　演習問題

問題 4.1

表 4.8 はある店舗での月ごとの車の売上台数についてのデータ（単位：台）である．分散を求めよ（分散は小数第 2 位が四捨五入された小数第 1 位までの値で求めよ）．

表 4.8　ある店舗での月ごとの車の売り上げ台数

月	1	2	3	4	5	6	7	8	9	10	11	12
売上台数（台）	48	29	78	43	54	66	56	60	55	50	48	80

問題 4.2

表 4.9 のようなテストの結果（単位：点）について，5 科目のうち標準偏差が 1 番大きい科目と 1 番小さい科目はどれか．また，その標準偏差をそれぞれ求めよ（標準偏差は小数第 2 位が四捨五入された小数第 1 位までの値で求めよ）（サポートページからダウンロードできる元データ「第 4 章　ファイル 4」にデータ入力されている）．

表 4.9　学生 A から F の 5 科目のテストの結果（元データ「第 4 章　ファイル 4」）

	国語	数学	英語	理科	社会
A	90	65	90	75	44
B	88	72	80	51	90
C	78	69	75	72	87
D	46	78	96	72	50
E	90	77	60	81	72
F	80	45	45	54	76

問題 4.3

分散が 4 のとき標準偏差はいくつになるか答えよ．また，標準偏差が 9 のとき分散はいくつになるか答えよ．

問題 4.4

ある商品の 1 日における売上個数が 1 週間で順に，320，387，523，557，431，309，611（単位：個）であった．この売上個数について，Excel アドインのデータ分析ツールの「基本統計量」で求められる「標準偏差」を求めよ（小数第 2 位が四捨五入された小数第 1 位までの値で求めよ）．

問題 4.5

表 4.10 のような A クラスの点数，B クラスの点数それぞれにおいて，平均点，中央値，標準偏差，レンジをそれぞれ求めよ．また，A クラスの点数，B クラスの点数それぞれについて，偏差を棒グラフであらわし比較せよ（標準偏差は小数第 3 位が四捨五入された小数第 2 位までの値で求めよ）．

表 4.10　A クラスの点数と B クラスの点数

Aクラスの点数	51	48	54	48	54	51	45	54	51	60
Bクラスの点数	93	36	78	6	24	3	87	75	45	57

問題 4.6

表 4.11 は 20 人の身長のデータ（単位：cm）である．このデータについて，平均値，最大値と最小値を取り除いたトリム平均，最頻値，分散，標準偏差をそれぞれ求めよ（平均値，トリム

平均，分散，標準偏差は小数第 2 位が四捨五入された小数第 1 位までの値で求めよ）．

表 4.11　20 人の身長のデータ

180	155	176	183	171	178	176	168	170	181
176	181	170	176	176	174	178	176	179	175

第5章

データの標準化

さまざまなデータの集合においては，単位や数値の大きさがそれぞれ異なり，もちろん平均値や標準偏差の値もそれぞればらばらである．よって，そのままではデータどうしを比べることがむずかしいことがある．

そこで本章では，エクセルを使ってデータの標準化を行い，どんなデータの集合でも平均値 0，標準偏差 1 となるように加工する．このことにより，単位や数値の大きさが異なるデータどうしでも比較，分析がしやすくなるのである．

第5章で学習すること

1. データの標準化とは何かを知る．

$$\text{データ} \longmapsto \frac{\text{データ} - \text{平均値}}{\text{標準偏差}}$$

2. STANDARDIZE 関数でデータを標準化する．

C2 　fx =STANDARDIZE(B2,$B$13,$B$14)

	A	B	C	D	E	F	G	H
1		標準化前	標準化後					
2		60	1.125					
3		45	-0.75					
4		60	1.125					
5		40	-1.375					
6		60	1.125					
7		40	-1.375					
8		60	1.125					
9		50	-0.125					
10		45	-0.75					
11		50	-0.125					
12								
13	平均値	51	0					
14	標準偏差	8	1					
15								

3. エクセルの表のデータについて，STANDARDIZE 関数でデータを標準化する（オートフィルを使う）．

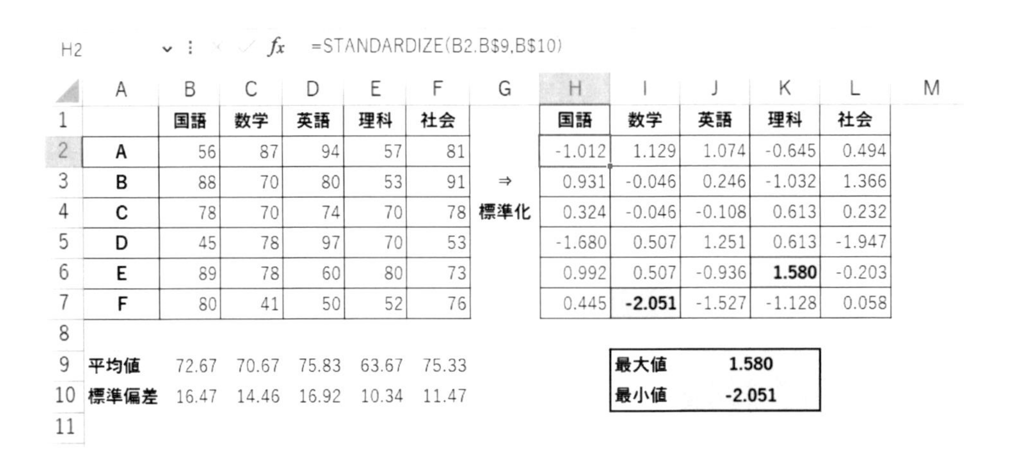

H2 　fx =STANDARDIZE(B2,B$9,B$10)

	A	B	C	D	E	F	G	H	I	J	K	L	M
1		国語	数学	英語	理科	社会		国語	数学	英語	理科	社会	
2	A	56	87	94	57	81		-1.012	1.129	1.074	-0.645	0.494	
3	B	88	70	80	53	91	⇒	0.931	-0.046	0.246	-1.032	1.366	
4	C	78	70	74	70	78	標準化	0.324	-0.046	-0.108	0.613	0.232	
5	D	45	78	97	70	53		-1.680	0.507	1.251	0.613	-1.947	
6	E	89	78	60	80	73		0.992	0.507	-0.936	**1.580**	-0.203	
7	F	80	41	50	52	76		0.445	**-2.051**	-1.527	-1.128	0.058	
8													
9	平均値	72.67	70.67	75.83	63.67	75.33			最大値	1.580			
10	標準偏差	16.47	14.46	16.92	10.34	11.47			最小値	-2.051			
11													

5.1　データの標準化

たとえば，テストを 2 回受けた場合，2 回目のほうが 1 回目より成績がよくなっているのか悪くなっているのかは，単純な点数の比較だけからでは判断できない．平均点の違いや点数の分布のばらつき具合の違いも見て，平均点からどれくらい離れているかなども考慮して判断しなければならない．ところが，もし 1 回目のテストと 2 回目のテストについて，平均点がそれぞれ同じで標準偏差もそれぞれ同じであったなら，点数のみによって比較しやすくなるであろうと考えられる．

そこで，データを加工して，「平均値を 0，標準偏差を 1」にしようと試みたい．それができたら，負の値のデータは平均値より下で，正の値のデータは平均値より上だということがすぐわかる．さらに，標準偏差が 1 にそろうことによりデータどうしが比較しやすくなり，あつかいやすくなることが期待できる．

例題 5.1　各データから平均値をひいて標準偏差でわる

表 5.1 のようなテストの結果（単位：点）について，以下の問に答えよ（サポートページからダウンロードできる元データ「第 5 章　ファイル 1」にデータ入力されている）．

表 5.1　標準化前（元データ「第 5 章　ファイル 1」）

名前	A	B	C	D	E
点数	60	40	50	55	70

例題 5.1.1

平均値と標準偏差をセル H2 とセル I2 にそれぞれ求めよ．

【解答】

セル H2 に AVERAGE 関数で平均値，セル I2 に STDEV.P 関数で標準偏差を求める．平均値は 55（点）で，標準偏差は 10（点）であることがわかる（表 5.2）．

表 5.2　標準化前の平均と標準偏差

平均	標準偏差
55	10

例題 5.1.2
［各データから**平均値をひいたデータ**］をセル範囲 B5:F5 に入力し，それらの平均値と標準偏差をセル H5 とセル I5 にそれぞれ求めよ．

【解答】
① セル B5 に「=B2-$H$2」と入力し，セル F5 までオートフィルする（表 5.3）．
② セル H5 に AVERAGE 関数で平均値，セル I5 に STDEV.P 関数で標準偏差を求めると，平均値は 0 で，標準偏差は 10 であることがわかる（表 5.4）（例題 5.1.1 の結果のセル範囲 H2:I2 をコピーして，セル範囲 H5:I5 に貼り付けると簡単に求められる）．

表 5.3　平均値をひいたデータ

名前	A	B	C	D	E
点数	5	-15	-5	0	15

表 5.4　平均値をひいたデータの平均と標準偏差

平均	標準偏差
0	10

例題 5.1.3
［例題 5.1.2 で平均値をひいて求めた各データを**標準偏差でわったデータ**］をセル範囲 B8:F8 に入力し，それらの平均値と標準偏差をセル H8 とセル I8 にそれぞれ求めよ．

【解答】
① セル B8 に「=B5/$I$5」と入力し，セル F8 までオートフィルする（表 5.5）．
② セル H8 に AVERAGE 関数で平均値，セル I8 に STDEV.P 関数で標準偏差を求めると，平均値は 0 で，標準偏差は 1 であることがわかる（表 5.6）（解答終わり，以下は説明）．

表 5.5　標準化後

名前	A	B	C	D	E
点数	0.5	-1.5	-0.5	0	1.5

表 5.6　標準化後の平均と標準偏差

平均	標準偏差
0	1

例題 5.1.2 において，各データから**平均値をひいたデータ**に変換することにより，平均値を 0 にすることができた．そしてさらに，例題 5.1.3 において，各データを**標準偏差でわったデータ**に変換することにより，標準偏差を 1 にすることができた．このような，**平均値 0，標準偏差 1** のデータに変換することを**データの標準化**という．つまり，標準化とは，次の変換のことである：

$$\text{データ} \longmapsto \frac{\text{データ} - \text{平均値}}{\text{標準偏差}}$$

これより，標準化した値を求めるためには平均値と標準偏差を求める必要があることがわかる．

こんどは，エクセル関数を使って標準化をしてみよう．**STANDARDIZE 関数**を使うと標準化をすることができる．

例題 5.2　STANDARDIZE 関数を使ってデータを標準化する

例題 5.1 の「表 5.1　標準化前（元データ「第 5 章　ファイル 1」）」のデータを，STANDARDIZE 関数を使って標準化せよ（「例題 5.1」のファイルのセル範囲 B11:F11 に標準化後の値を計算せよ）．

【解答】

作成した「例題 5.1」のファイルを開く．

セル B11 に「=st」などと入力し，関数の候補の一覧から「STANDARDIZE」をダブルクリックし選択する．「=STANDARDIZE(」と入力されるので，標準化するデータ（B2）をクリックして指定する．続けて，「,」を入力し，平均値が計算されているセル H2 をクリックし F4 キーを押す．さらに，「,」を入力し，標準偏差が計算されているセル I2 をクリックし F4 キーを押す．Enter キーを押すと標準化された値 0.5 が計算される（セル B11 には「=STANDARDIZE(B2,$H$2,$I$2)」と入力される）．このセル（B11）を右に F11 までオートフィルする．

例題 5.1.3 の「表 5.5　標準化後」と同じ結果になることが確認できる（解答終わり）．

例題 5.2 の解答

B11　fx　=STANDARDIZE(B2,$H$2,$I$2)

	A	B	C	D	E	F	G	H	I	J	K
1	名前	A	B	C	D	E		平均	標準偏差		
2	点数	60	40	50	55	70		55	10		
3											
4	名前	A	B	C	D	E		平均	標準偏差		
5	点数	5	-15	-5	0	15		0	10		
6											
7	名前	A	B	C	D	E		平均	標準偏差		
8	点数	0.5	-1.5	-0.5	0	1.5		0	1		
9											
10	名前	A	B	C	D	E					
11	点数	0.5	-1.5	-0.5	0	1.5					
12											
13											

このように，STANDARDIZE 関数を使うには，あらかじめ平均値と標準偏差を求めておく必要があることに注意しよう．

例題 5.3　データの標準化を行い標準化後の値の平均値と標準偏差を求める

あるクラスの数学のテストの点数が，60，45，60，40，60，40，60，50，45，50 であった．このデータを標準化せよ．また，標準化後の値の平均値と標準偏差を求めよ．

【解答】

セル範囲 B2:B11 にデータを縦方向に入力し，セル B13 に AVERAGE 関数で平均値，セル B14 に STDEV.P 関数で標準偏差を求める．平均値が 51（点），標準偏差が 8（点）であることがわかる．

次に，セル C2 に「=STANDARDIZE(」と入力し，標準化するデータ（B2）をクリックして指定する．続けて，「,」を入力し，平均値が計算されているセル（B13）をクリックし F4 キーを押す．さらに，「,」を入力し，標準偏差が計算されているセル（B14）をクリックし F4 キーを押す．Enter キーを押すと標準化された値 1.125 が計算される（セル C2 には「=STANDARDIZE(B2,$B$13,$B$14)」と入力される）．このセル（C2）を C11 までオートフィルする．

そして，標準化後の値の平均値と標準偏差を求めるために，元のデータの平均値が計算されているセルと標準偏差が計算されているセル（B13:B14）を右にオートフィルする．すると，標準化後の値の平均値は 0，標準化後の値の標準偏差は 1 であることがわかる．

例題 5.3 の解答

C2　fx　=STANDARDIZE(B2,$B$13,$B$14)

	A	B	C	D	E	F	G	H
1		標準化前	標準化後					
2		60	1.125					
3		45	-0.75					
4		60	1.125					
5		40	-1.375					
6		60	1.125					
7		40	-1.375					
8		60	1.125					
9		50	-0.125					
10		45	-0.75					
11		50	-0.125					
12								
13	平均値	51	0					
14	標準偏差	8	1					
15								

例題 5.4　身長と体重のデータについてそれぞれ標準化する

表 5.7 は，8 人の身長（単位：cm）と体重（単位：kg）についてのデータである．番号 3 の人の標準化した身長の値と標準化した体重の値をそれぞれ求めよ（小数第 3 位が四捨五入された小数第 2 位までの値で求めよ）（サポートページからダウンロードできる元データ「第 5 章　ファ

イル 2」にデータ入力されている).

表 5.7　8 人の身長と体重についてのデータ（元データ「第 5 章　ファイル 2」）

番号	身長（cm）	体重（kg）
1	172	61
2	181	78
3	165	60
4	183	71
5	178	55
6	167	54
7	168	70
8	163	51

【解答】

まず，身長と体重についてそれぞれ，AVERAGE 関数で平均値，STDEV.P 関数で標準偏差を求める（身長の平均値をセル B11 に，標準偏差をセル B12 にそれぞれ求めて，右にオートフィルする）.

次に，（セル E4 に）「=STANDARDIZE(」と入力し，番号 3 の人のもともとの身長（B4）をクリックして指定する．続けて，「,」を入力し，身長の平均値が計算されているセル（B11）をクリックする．さらに，「,」を入力し，身長の標準偏差が計算されているセル（B12）をクリックする．Enter キーを押すと番号 3 の人の身長を標準化した値が計算される（セル C2 には「=STANDARDIZE(B4,B11,B12)」と入力される）．これを右にオートフィルして，番号 3 の人の標準化した体重の値も求める．この場合，「$」は不要[1].

小数第 2 位までの表示にすると，番号 3 の人の身長を標準化した値は約-1.00 であり，体重を標準化した値は約-0.28 であることがわかる.

例題 5.4 の解答

E4　fx　=STANDARDIZE(B4,B11,B12)

	A	B	C	D	E	F	G	H	I
1	番号	身長（cm）	体重（kg）		身長（標準化後）	体重（標準化後）			
2	1	172	61						
3	2	181	78						
4	3	165	60		-1.00	-0.28			
5	4	183	71						
6	5	178	55						
7	6	167	54						
8	7	168	70						
9	8	163	51						
10									
11	平均値	172.125	62.5						
12	標準偏差	7.149082109	8.93028555						
13									

1　標準化する際にスピルを使うなら「=STANDARDIZE(B4:C4,B11:C11,B12:C12)」のように入力すればいい.

例題 5.5　標準化後の身長の値と標準化後の体重の値を比べる

上記の「表 5.7　8 人の身長と体重についてのデータ（元データ「第 5 章　ファイル 2」)」において，標準化後の体重の値のほうが標準化後の身長の値より大きい人の番号をすべて答えよ．

【解答】

作成した例題 5.4 のファイルを開く（または，サポートページからダウンロードできる元データ「第 5 章　ファイル 2」を開き，例題 5.4 のように，身長と体重についてそれぞれ，AVERAGE 関数で平均値，STDEV.P 関数で標準偏差を求める)．

次に，(セル E2 に)「=STANDARDIZE(」と入力し，番号 1 の人のもともとの身長（B2）をクリックして指定する．続けて，「,」を入力し，身長の平均値が計算されているセル（B11）をクリックし F4 キーを 2 回押す．さらに，「,」を入力し，身長の標準偏差が計算されているセル（B12）をクリックし F4 キーを 2 回押す．Enter キーを押すと番号 1 の人の身長を標準化した値が計算される（セル E2 には「=STANDARDIZE(B2,B$11,B$12)」と入力される．これは，下にオートフィルするときに「平均」と「標準偏差」の行番号を固定するために，その前に「$」を付けているのである．一方，あとで右にオートフィルして体重を標準化するために，列番号 B の前には「$」を付けてはいけない)．下にオートフィルして，さらに右にもオートフィルしてデータ全部を標準化する[2]．

これより，標準化後の体重の値のほうが標準化後の身長の値より大きい人の番号は 2，3，7 であることがわかる．

補足

標準化後の体重の値のほうが標準化後の身長の値より大きいかどうかの判定を，IF 関数を使って行うこともできる．たとえばセル H2 に「=IF(F2>E2,"○","")」などと入力して下にオートフィルすればいい．
スピルを使うなら「=IF(F2:F9>E2:E9,"○","")」のように入力すればいい．

例題 5.5 の解答

P20　fx

	A	B	C	D	E	F	G	H	I
1	番号	身長（cm）	体重（kg）		身長（標準化後）	体重（標準化後）		体重（標準化後）>身長（標準化後）	
2	1	172	61		-0.017484762	-0.167967753			
3	2	181	78		1.24141811	1.735666784		○	
4	3	165	60		-0.99663144	-0.279946255		○	
5	4	183	71		1.521174304	0.951817269			
6	5	178	55		0.821783819	-0.839838766			
7	6	167	54		-0.716875247	-0.951817269			
8	7	168	70		-0.57699715	0.839838766		○	
9	8	163	51		-1.276387634	-1.287752775			
10									
11	平均値	172.125	62.5						
12	標準偏差	7.149082109	8.93028555						
13									

2　標準化する際にスピルを使うなら「=STANDARDIZE(B2:C9,B11:C11,B12:C12)」のように入力すればいい．

このように，標準化を行うとどんなデータでも平均値 0，標準偏差 1 となることにより，データどうしを比較しやすくなるのである．そして，標準化することによって，単位の異なるデータどうしさえも比較可能になることもあるのである．

例題 5.6　表のデータの標準化を行い標準化後の値の最大値と最小値を求める

表 5.8 のようなテストの結果（単位：点）について，科目ごとに標準化したときに，最も大きい標準化後の値と最も小さい標準化後の値はそれぞれ何で，どの科目のだれの点数を標準化したものかをそれぞれ答えよ（小数第 4 位が四捨五入された小数第 3 位までの値で求めよ）（サポートページからダウンロードできる元データ「第 5 章　ファイル 3」にデータ入力されている）．

表 5.8　学生 A から F の 5 科目のテストの結果（元データ「第 5 章　ファイル 3」）

	国語	数学	英語	理科	社会
A	56	87	94	57	81
B	88	70	80	53	91
C	78	70	74	70	78
D	45	78	97	70	53
E	89	78	60	80	73
F	80	41	50	52	76

【解答】

科目ごとに AVERAGE 関数で平均値，STDEV.P 関数で標準偏差を求める（国語の平均値をセル B9 に，標準偏差をセル B10 にそれぞれ求めて，右にオートフィルする）．

次に，（セル H2 に）「=STANDARDIZE(」と入力し，国語の A のもともとの点数を（B2）をクリックして指定する．続けて，「,」を入力し，国語の平均点が計算されているセル（B9）をクリックし F4 キーを 2 回押す．さらに，「,」を入力し，国語の標準偏差が計算されているセル（B10）をクリックし F4 キーを 2 回押す．Enter キーを押すと国語の A の点数を標準化した値が計算される（セル H2 には「=STANDARDIZE(B2,B$9,B$10)」と入力される）．下にオートフィルして，さらに右にもオートフィルしてデータ全部を標準化する（標準化したデータの最大値と最小値をそれぞれ MAX 関数と MIN 関数を用いて求めてもいい）[3]．

これより，最も大きい標準化後の値は約 1.580 で，理科の E の点数を標準化したものである．また，最も小さい標準化後の値は約-2.051 で，数学の F の点数を標準化したものである（解答終わり，以下は説明）．

3　標準化する際にスピルを使うなら，セル H2 に「=STANDARDIZE(B2:F7,B9:F9,B10:F10)」と入力すればいい．

例題 5.6 の解答

H2　fx　=STANDARDIZE(B2,B$9,B$10)

	A	B	C	D	E	F	G	H	I	J	K	L	M
1		国語	数学	英語	理科	社会		国語	数学	英語	理科	社会	
2	A	56	87	94	57	81		-1.012	1.129	1.074	-0.645	0.494	
3	B	88	70	80	53	91	⇒	0.931	-0.046	0.246	-1.032	1.366	
4	C	78	70	74	70	78	標準化	0.324	-0.046	-0.108	0.613	0.232	
5	D	45	78	97	70	53		-1.680	0.507	1.251	0.613	-1.947	
6	E	89	78	60	80	73		0.992	0.507	-0.936	**1.580**	-0.203	
7	F	80	41	50	52	76		0.445	**-2.051**	-1.527	-1.128	0.058	
8													
9	平均値	72.67	70.67	75.83	63.67	75.33			最大値	1.580			
10	標準偏差	16.47	14.46	16.92	10.34	11.47			最小値	-2.051			
11													

標準化前の点数での最高点は 97 点で，英語の D の点数である．しかし，標準化したときに最も大きくなるのは理科の E の点数であり，これは標準化前では 80 点である．たしかに，理科の平均点は低く，標準偏差も比較的小さい（ばらつきが小さい）ので，この中での 80 点は好成績であるといえる．標準化することで相対的な成績を確認することができるのである．

補足

標準化した値に 10 をかけ，さらに 50 をたした値が**偏差値**である．偏差値の平均値は 50 になり，標準偏差は 10 になる（表 5.9）．

表 5.9　学生 A から F の 5 科目のテストの結果（元データ「第 5 章　ファイル 3」）の偏差値

	国語	数学	英語	理科	社会
A	39.88	61.29	60.74	43.55	54.94
B	59.31	49.54	52.46	39.68	63.66
C	53.24	49.54	48.92	56.13	52.32
D	33.20	55.07	62.51	56.13	30.53
E	59.92	55.07	40.64	65.80	47.97
F	54.45	29.49	34.73	38.72	50.58
平均値	50	50	50	50	50
標準偏差	10	10	10	10	10

5.2 演習問題

問題 5.1

表 5.10 のようなテストの結果（単位：点）について，クラスごとに標準化したときに，最も大きい標準化後の値と最も小さい標準化後の値はそれぞれ何で，どのクラスのどの番号の点数を標準化したものかをそれぞれ答えよ（小数第 4 位が四捨五入された小数第 3 位までの値で求めよ）（サポートページからダウンロードできる元データ「第 5 章　ファイル 4」にデータ入力されている）．

表 5.10　クラス別のテストの点数（元データ「第 5 章　ファイル 4」）

番号	Aクラス	Bクラス	Cクラス	Dクラス
1	95	100	57	45
2	98	80	70	70
3	70	98	45	55
4	80	63	60	32
5	97	88	87	43
6	90	90	60	46
7	78	98	35	70
8	88	100	57	55
9	98	77	80	23
10	68	77	55	30

問題 5.2

表 5.11 のようなテストの結果（単位：点）において科目ごとに標準化したうえで，K さんの点数で標準化した値が最も大きくなる科目と 2 番目に大きくなる科目はどれか．また，その標準化した値をそれぞれ求めよ（小数第 4 位が四捨五入された小数第 3 位までの値で求めよ）（サポートページからダウンロードできる元データ「第 5 章　ファイル 5」にデータ入力されている）．

表 5.11　学生 A から K の 5 科目のテストの点数（元データ「第 5 章　ファイル 5」）

	国語	数学	英語	理科	社会
A	54	89	79	55	50
B	76	78	54	30	80
C	90	65	67	75	55
D	76	98	80	80	63
E	78	76	50	50	80
F	58	76	78	45	87
G	89	43	65	33	57
H	55	56	72	70	54
I	65	80	65	80	39
J	77	78	49	65	77
K	100	100	91	98	98

問題 5.3

表 5.12 は，男女各 11 人の体重（単位：kg）と体脂肪率（%）についてのデータである．番号 11 の女性の（男女別に）標準化した体重の値と（男女別に）標準化した体脂肪率の値を求めよ（小数第 3 位が四捨五入された小数第 2 位までの値で求めよ）（サポートページからダウンロードできる元データ「第 5 章　ファイル 6」にデータ入力されている）．

表 5.12　男女各 11 人の体重と体脂肪率についてのデータ（元データ「第 5 章　ファイル 6」）

番号	女性		男性	
	体重（kg）	体脂肪率（%）	体重（kg）	体脂肪率（%）
1	54	25	57	7
2	68	31	68	10
3	46	17	79	18
4	47	21	82	26
5	51	21	79	25
6	50	26	75	21
7	67	28	70	17
8	54	25	58	8
9	64	28	70	12
10	58	27	65	13
11	47	19	61	9

問題 5.4

上記の「表 5.12　男女各 11 人の体重と体脂肪率についてのデータ（元データ「第 5 章　ファイル 6」）」のデータにおいて，（男女別に）標準化した体脂肪率の値のほうが（男女別に）標準化した体重の値より小さい女性の番号と男性の番号をそれぞれすべて答えよ（サポートページからダウンロードできる元データ「第 5 章　ファイル 6」にデータ入力されている）．

第6章

データの種類とグラフ

2つの変数間の関係を考察するときには，原因と結果（因果関係）についての仮説を立てることが重要である．このとき，結果系変数と原因系変数がそれぞれ質的変数か量的変数かによって適切な検証方法が何かが異なってくる．

本章では，エクセルを使って，時系列データについての量的変数と量的変数の関係を折れ線グラフで表現したり，また，量的変数と量的変数の関係を散布図で表現したりして，視覚的に様子を確認する．さらに，質的変数と質的変数との関係についてはピボットテーブルを使ってクロス集計を行う．

第6章で学習すること

1. 質的変数とは何か，量的変数とは何かを知る．
2. エクセルで折れ線グラフ，散布図を作成する（量的変数と量的変数との関係）．

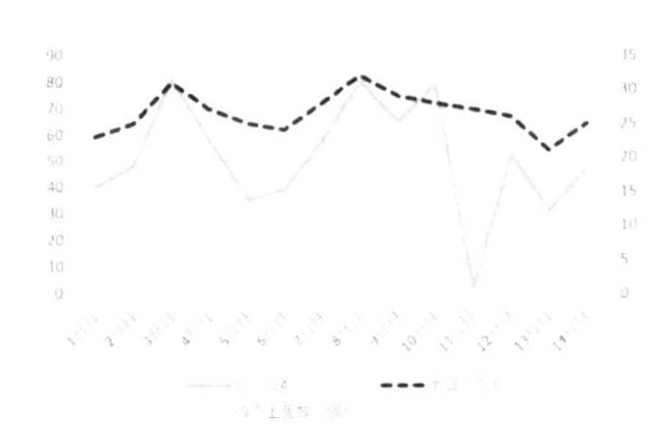

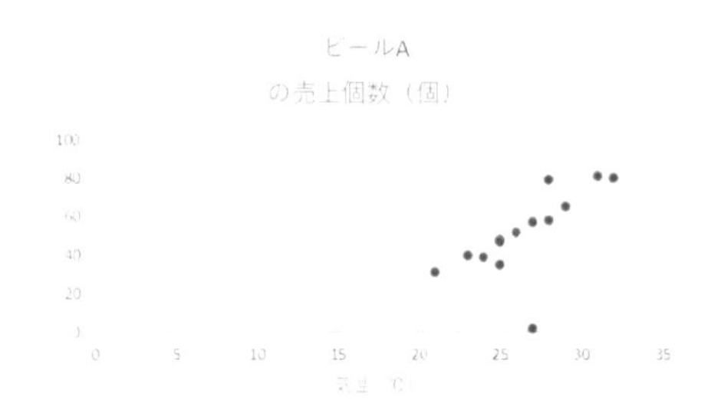

3. 折れ線グラフや散布図を見て，グループ分け，関係の把握や外れ値の検出など，もしできることやわかることがあれば確認する（量的変数と量的変数との関係）．

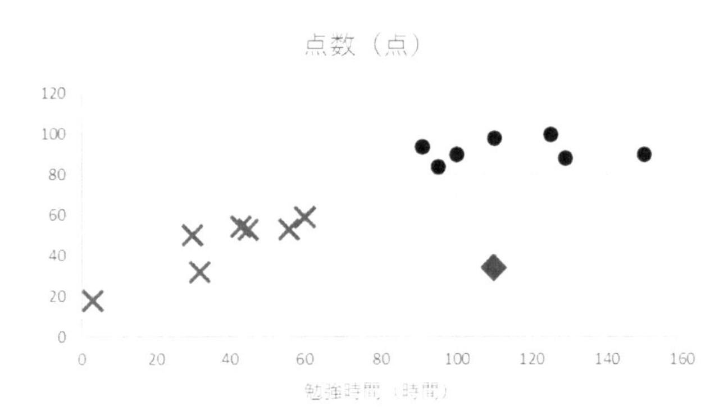

4. ピボットテーブルを使い，属性ごとのデータの個数を求め，100% 積み上げ縦棒のピボットグラフを作成する（質的変数と質的変数との関係）．

個数 / 赤みそか白みそか	列ラベル		
行ラベル	赤みそ	白みそ	総計
大阪	1	8	9
東京	3	6	9
名古屋	7	2	9
総計	**11**	**16**	**27**

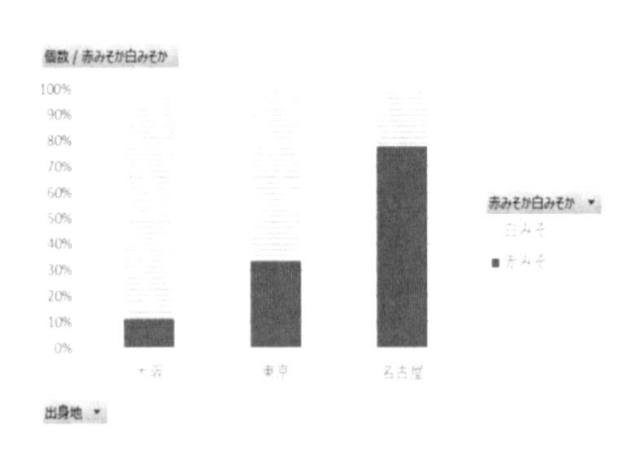

6.1 データの種類

変数（データの項目）は大きく**質的変数**と**量的変数**に分けられる．質的変数は対象の性質によって分類したデータであり，量的変数は対象の量の大きさをあらわすデータである．つまり，これらには，分類をあらわすか数量をあらわすかの違いがある．

質的変数

性別や出身地など，分類するための変数は質的変数である．これは，同じか違うかのみに意味があるものである．学生番号（学籍番号）などは数値であらわされていても，その数値の大きさに意味はなく，計算することにも意味はない．いわば「名前」のようなものであるので，これも質的変数ということになる．同様に，電話番号も質的変数である．このような質的変数は「**同一性**」のみをあらわしているのである．

また，順位，震度，検定の級，成績の段階評価などのように，「同一性」のみではなく「**順序性**」もあらわす質的変数もある．年代，時間帯などの幅のある区間はこの例になる．これらにおいては，順序（大小関係）には意味があるが，間隔（差）にも比率にも意味がない．たとえば，人気のある車種ランキングにおいて，1位，2位，3位という順序には意味があるが，「1位と2位の差」と「2位と3位の差」は同じではないであろう．和や差には意味がないのである．

量的変数

数値であらわされる変数であり，その数値に意味があり，差にも意味があるものは量的変数である．時刻，気温，西暦，偏差値などのように，原点（0）には絶対的な意味がなく，比率にも意味がないが，間隔（差）には意味があるものは量的変数ということになる．たとえば，気温が3℃から9℃になったからといって，気温が3倍になったとはいえないが，気温が6℃上がった（気温差が6℃）とはいえる．このような量的変数は「同一性」「順序性」だけではなく，「**加法性**」もあらわしているのである．

また，年齢，身長，体重，速度，値段，睡眠時間などのように，原点（0）に絶対的な意味があり，間隔（差）にも比率にも意味がある量的変数もある．これらは，「同一性」「順序性」「加法性」だけではなく「**等比性**」もあらわしているということである．

例題 6.1　質的変数の例と量的変数の例を考える

質的変数の例と量的変数の例をそれぞれあげよ．

【解答】

上記から，質的変数の例として，性別，出身地，学籍番号（学生番号），電話番号，順位，震度，検定の級，成績の段階評価，年代，時間帯がある．

また，量的変数の例として，時刻，気温，西暦，偏差値，年齢，身長，体重，速度，値段，睡眠時間がある．

6.2　折れ線グラフ，散布図，ピボットテーブル

2 つの変数間の関係を考察するなど，データ分析するときに，原因と結果（因果関係）についての仮説を立てることがある．このとき，**結果系変数**と**原因系変数**がそれぞれ質的変数か量的変数かによって可能な分析方法が何かかが異なり，また，検証したいデータによって適切な分析方法が何かも異なってくる．

時系列データとは，時間経過に従って記録されるデータ列のことをいう．時系列データについての量的変数と量的変数の関係は**折れ線グラフ**で表現すると時間による傾向がつかみやすくなることがある．

また，量的変数と量的変数の関係は散布図で表現しても関係が見やすくなることがある．ここで，**散布図**とは，2 つの変数のデータの組を xy 平面上に点としてあらわしたグラフである．2 つの変数がそれぞれ原因と結果をあらわしている可能性があるならば，原因系変数を x（横軸），結果系変数を y（縦軸）にして作成しよう．

では，次の表（表 6.1）のデータを例にして考えてみよう．これはある店舗でのビール A とアイスクリーム B の日にち別の売上個数とその日の気温をまとめたものである（サポートページからダウンロードできる元データ「第 6 章　ファイル 1」にデータ入力されている）．

表 6.1　気温と売上個数（元データ「第 6 章　ファイル 1」）

	気温（℃）	ビールA の売上個数（個）	アイスクリームB の売上個数（個）
1日目	23	40	91
2日目	25	48	99
3日目	31	81	153
4日目	27	57	107
5日目	25	35	71
6日目	24	39	52
7日目	28	58	118
8日目	32	80	147
9日目	29	65	120
10日目	28	79	131
11日目	27	2	107
12日目	26	52	122
13日目	21	31	70
14日目	25	47	101

気温も売上個数も量をあらわす変数で量的変数である．気温と売上個数との間に関係があるのかないのか，あるとすればどのような関係なのかを調べたい．原因が「気温」で結果が「売上個数」という因果関係を想定して調べてみよう．この場合，「気温」は原因系変数，「売上個数」は結果系変数ということになる．

時系列データについての量的変数と量的変数の関係なので，まずは，折れ線グラフで表現してみよう．

例題 6.2　折れ線グラフと散布図を作成する

「表 6.1　気温と売上個数（元データ「第 6 章　ファイル 1」）」のデータについて，以下の問に答えよ．

例題 6.2.1

日にちを横軸とし，［気温］の折れ線グラフと［ビール A の売上個数］の折れ線グラフを，同一グラフエリアにそれぞれ作成せよ．必要に応じて第 2 軸を採用せよ．

【解答】

① 日にちと気温とビール A の売上個数の 3 列分（A1:C15）を選択して，挿入タブの（グラフグループにある）［折れ線/面グラフの挿入］の「2-D 折れ線」の「折れ線」を選ぶ（図 6.1）．

2 つの折れ線グラフを見ると，ビール A の売上個数の増減は見やすいが，気温の増減は小さくてわかりづらい．これは，ビール A の売上個数は 2 個から 81 個までの増減があるので，それに合わせて縦軸（左側）が 0 から 90 になっているが，一方，気温は 21 ℃から 32 ℃までしか増減がないのに同じ縦軸を使っているので，折れ線の増減が小さくなってしまっているからである．

② そこで，気温の折れ線の上で右クリック（またはダブルクリック）して，「データ系列の書式設定」を出し，（系列のオプションの）「第 2 軸（上/右側）」を選択する（図 6.2）．そうすると，気温については右側の縦軸を使った折れ線グラフになる．こちらの縦軸（右側）は 0 から 35 になり，気温の大きさに合っていて，増減の様子が見やすくなった（解答終わり，以下は説明）．

こうして見ると，［気温］と［ビール A の売上個数］は同じように増減しているように見え，両者には深い関係がありそうに見える．

さらに関係を見やすくするために，散布図でも表現してみよう．2 つの変数（［気温］と［ビール A の売上個数］）のデータの組を xy 平面上に点としてあらわしたグラフが散布図である．この場合は，［気温］を原因，結果を［ビール A の売上個数］としたいので，［気温］を x（横軸），

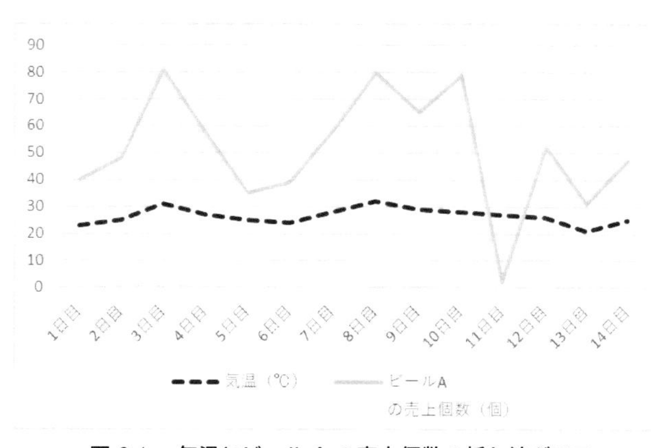

図 6.1　気温とビール A の売上個数の折れ線グラフ

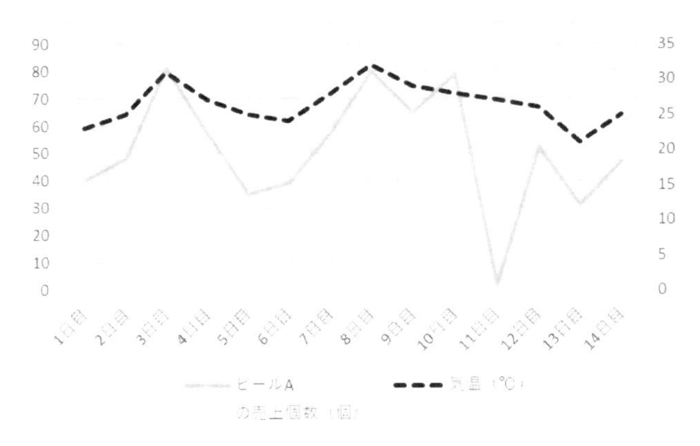

図 6.2　気温とビール A の売上個数の折れ線グラフ（第 2 軸を使用）

［ビール A の売上個数］を y（縦軸）として散布図を作成しよう．

例題 6.2.2

［気温］（横軸）と［ビール A の売上個数］（縦軸）の散布図を作成せよ．

【解答】

気温とビール A の売上個数の 2 列分（B1:C15）を選択して，挿入タブの（グラフグループにある）［散布図 (x, y) またはバブルチャートの挿入］の「散布図」を選ぶ．横軸が気温（B 列）で縦軸がビール A の売上個数（C 列）である．散布図を作成する際，選択範囲の 2 列のうち，左側の列が横軸になり，右側の列が縦軸になる．

作成したグラフを選択した状態で，（グラフの）デザインタブの（グラフのレイアウトグループにある）［グラフ要素の追加］をクリックし，「軸ラベル」の「第 1 横軸」を選択すると（横）軸ラベルが出てくる．（横）軸ラベルに「気温（℃）」と入力する（図 6.3）（解答終わり，以下は説明）．

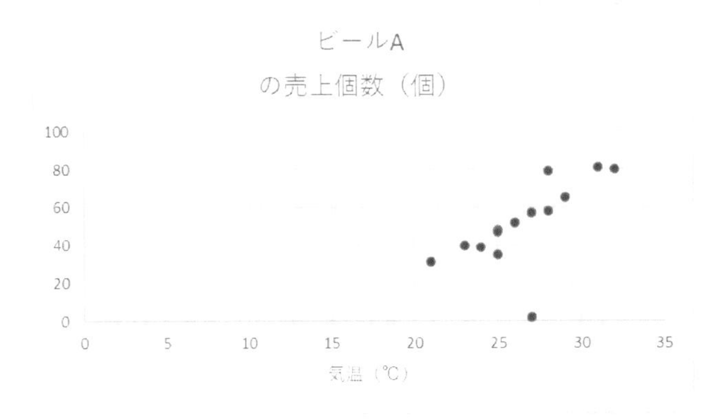

図 6.3　気温とビール A の売上個数の散布図

作成された散布図は右上がりになり，「気温が上がるとビール A の売上個数も上がる傾向」にあることがわかる．

以上のように，時系列データについての量的変数と量的変数の関係を折れ線グラフで表現すると把握しやすくなることが確認できた．また，量的変数と量的変数の関係を散布図で視覚化することによって関係が見やすくなることもわかった．さらに，散布図を作成することによって，外れ値（大きく外れた値）を発見しやすくなることがあることも知っておこう．

なお，以下で確認するように，散布図や折れ線グラフは目盛りや単位を変えると見た目も変わる．グラフによる関係の把握は，あくまで主観的なものであるということに注意しよう．

例題 6.2.3

例題 6.2.2 で作成した［気温］と［ビール A の売上個数］の散布図において，横軸の最小値を 20.0 に設定せよ．

【解答】

散布図の横軸の上で右クリック（またはダブルクリック）し，「軸の書式設定」を出し，（軸のオプションの）「最小値」を 20.0 にする（図 6.4）（解答終わり，以下は説明）．

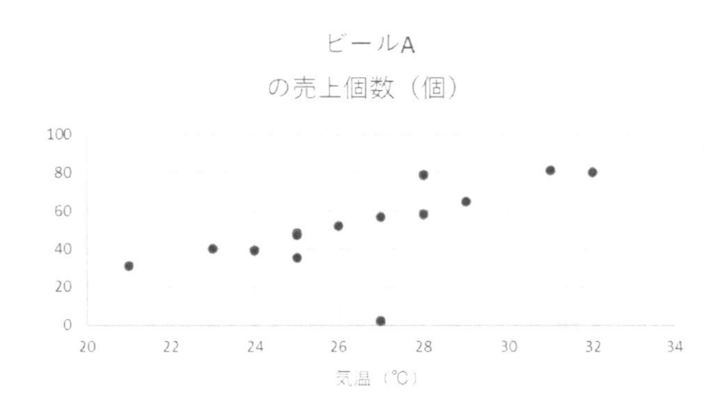

図 6.4　気温とビール A の売上個数の散布図（横軸の最小値を変更）

こうすると，散布図の見た目は変わり，右上がりの具合がゆるやかに見える．しかし，見た目が変わっても同じデータをあらわしているのである．グラフによって関係を把握しようとするとき，グラフの見た目に左右されることを意識する必要がある．見た目だけで関係を判断してはいけないのである．

また，散布図上で見られる関係は直線的とは限らないので，直線的でないからといって無関係と結論づけられないことも知っておこう．散布図上で見られる関係には直線以外の曲線に近似するなどもありうるのである．散布図の見た目だけではわからないこともあるので，2 つの変数の間に関係があるかどうかも散布図の見た目だけで判断してはいけないことに注意しよう．

もちろん，散布図の縦軸と横軸を入れ替えても見た目が変わることがある（図 6.5）.

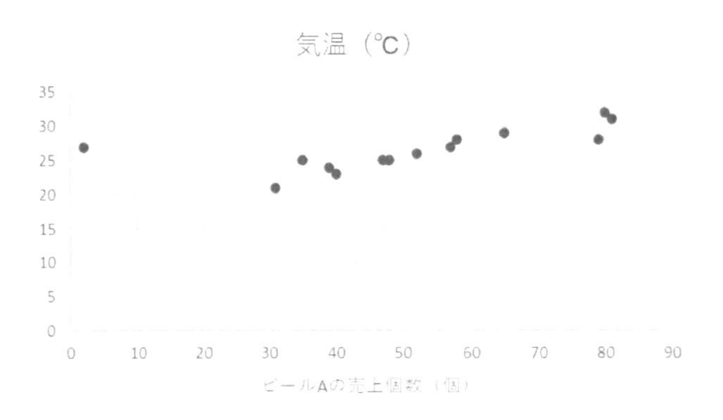

図 6.5　ビール A の売上個数と気温の散布図

例題 6.3　離れている範囲を選択して折れ線グラフと散布図を作成する

「表 6.1　気温と売上個数（元データ「第 6 章　ファイル 1」）」のデータについて，以下の問に答えよ.

例題 6.3.1

日にちを横軸とし，［気温］の折れ線グラフと［アイスクリーム B の売上個数］の折れ線グラフを，同一グラフエリアにそれぞれ作成せよ．必要に応じて第 2 軸を採用せよ.

【解答】

日にちと気温とアイスクリーム B の売上個数の 3 列分（A1:B15 と D1:D15）を選択して，挿入タブの［折れ線/面グラフの挿入］の「2-D 折れ線」の「折れ線」を選ぶ（A1:B15 と D1:D15 を選択するときは，A1:B15 を選択したあと，Ctrl キーを押しながら D1:D15 を選択する）.

作成された折れ線グラフでは，気温の増減が小さくてわかりづらい．そこで，気温の折れ線の上で右クリック（またはダブルクリック）して，「データ系列の書式設定」を出し，（系列のオプションの）「第 2 軸（上/右側）」を選択する．そうすると，気温については右側の軸を使った折れ線グラフになる（図 6.6）.

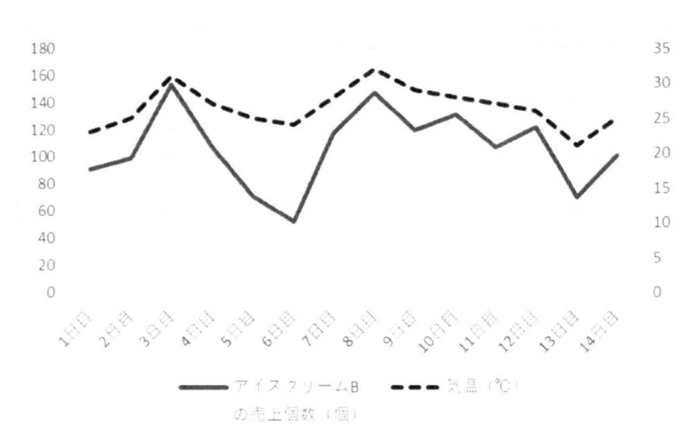

図 6.6　気温とアイスクリーム B の売上個数の折れ線グラフ（第 2 軸を使用）

例題 6.3.2

［気温］（横軸）と［アイスクリーム B の売上個数］（縦軸）の散布図を作成せよ．

【解答】

気温とアイスクリーム B の売上個数の 2 列分（B1:B15 と D1:D15）を選択して，挿入タブの［散布図 (x, y) またはバブルチャートの挿入］の「散布図」を選ぶ．横軸が気温（B 列）で縦軸がアイスクリーム B の売上個数（D 列）である．

作成したグラフを選択した状態で，（グラフの）デザインタブの［グラフ要素の追加］をクリックし，「軸ラベル」の「第 1 横軸」を選択すると（横）軸ラベルが出てくる．（横）軸ラベルに「気温（℃)」と入力する（図 6.7）（解答終わり，以下は説明）．

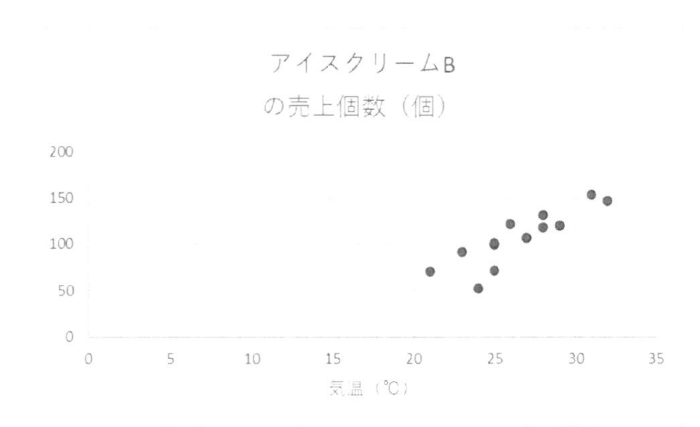

図 6.7　気温とアイスクリーム B の売上個数の散布図

散布図は右上がりになり，「気温が上がるとアイスクリーム B の売上個数も上がる傾向」にあることがわかる.

例題 6.4　散布図を作成して直線的であるかどうかを調べる

表 6.2 はある試験についてのデータである．このデータについて，以下の問に答えよ（サポートページからダウンロードできる元データ「第 6 章　ファイル 2」にデータ入力されている）.

表 6.2　試験についてのデータ（元データ「第 6 章　ファイル 2」）

番号	年齢（歳）	勉強時間（時間）	点数（点）
1	40	32	32
2	32	110	98
3	20	60	59
4	18	110	34
5	23	3	18
6	45	56	53
7	34	43	54
8	55	91	94
9	41	30	50
10	33	100	90
11	35	95	84
12	37	45	53
13	20	129	88
14	18	150	90
15	18	125	100

例題 6.4.1

年齢（横軸）と勉強時間（縦軸）の散布図，年齢（横軸）と点数（縦軸）の散布図，そして，勉強時間（横軸）と点数（縦軸）の散布図をそれぞれ作成せよ.

【解答】

年齢と勉強時間の散布図については B1:C16，年齢と点数の散布図については B1:B16 と D1:D16，そして，勉強時間と点数の散布図については C1:D16 をそれぞれ選択して，挿入タブの［散布図 (x, y) またはバブルチャートの挿入］の「散布図」を選ぶ.

作成したグラフを選択した状態で，（グラフの）デザインタブの［グラフ要素の追加］をクリックし，「軸ラベル」の「第 1 横軸」を選択すると（横）軸ラベルが出てくる.（横）軸ラベルに横軸の変数の名前をそれぞれ入力する（図 6.8，図 6.9，図 6.10）.

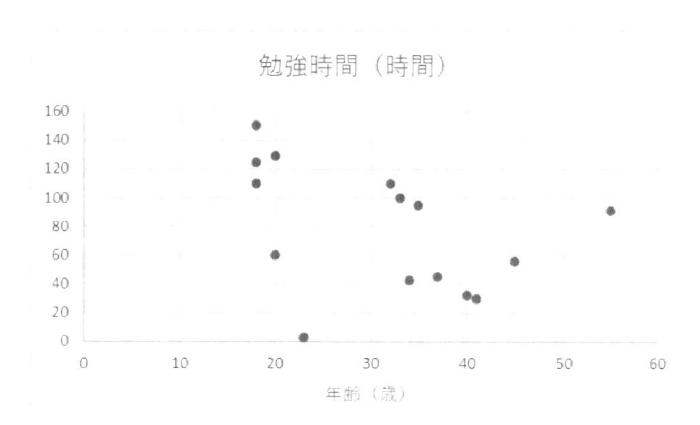

図 6.8　年齢と勉強時間の散布図

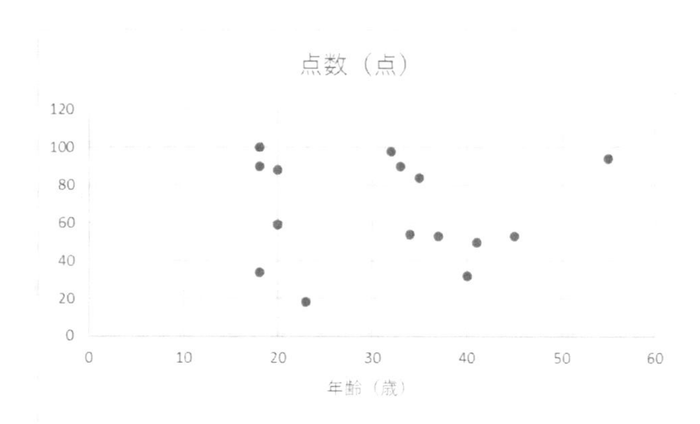

図 6.9　年齢と点数の散布図

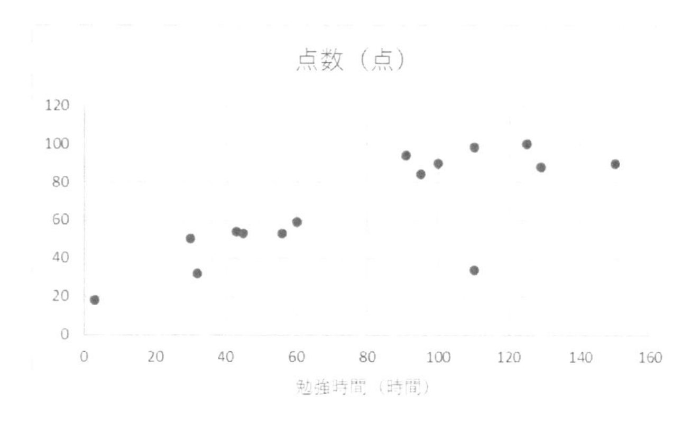

図 6.10　勉強時間と点数の散布図

例題 6.4.2

年齢と勉強時間の散布図，年齢と点数の散布図，また，勉強時間と点数の散布図の中で，直線的で右上がりの傾向があるものはどれか答えよ．

【解答】

直線的で右上がりの傾向があるものは勉強時間と点数の散布図（図 6.10）であることがわかる（解答終わり，以下は説明）．

このように，散布図は必ず右上がりになるわけでもないし，必ず直線的になるわけでもないことがわかる．

また，散布図を見ることによりグループ分けができることもあるし，外れ値が見つかりやすくなることもある（図 6.11）．

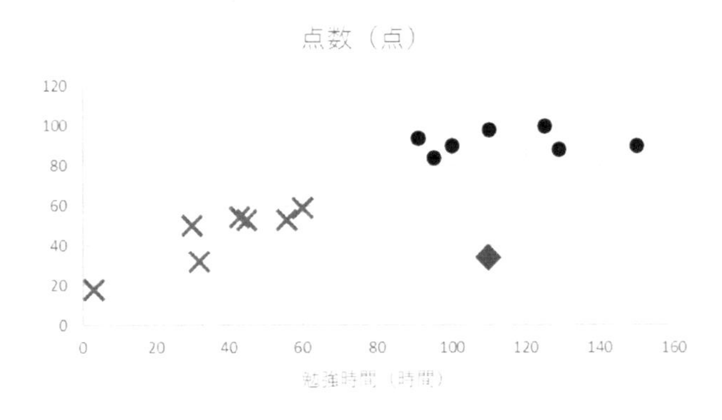

図 6.11　勉強時間と点数の散布図

本来，エクセルで散布図を作成するには2変数とも数値である必要があるので，量的変数と量的変数の関係の場合はそのままで散布図を作成できるが，数値ではない質的変数についてはそのままでは散布図を作成することができない．しかし，数値ではない質的変数についても，量的変数に変換することによって散布図を作成し，関係を見ることができることもある．たとえば，「はい」を「1」，「いいえ」を「0」へ変換して散布図を作成すれば，関係を確認できる可能性がある（ここで，「1」，「0」は**ダミー変数**とよばれる）．

また，「質的変数と量的変数との関係」または「質的変数と質的変数との関係」は，**クロス集計**で確認できることもある．クロス集計とは複数の項目をかけ合わせて集計することである．

次の例題で，実際に「質的変数と質的変数との関係」を調べるためにクロス集計をしてみよう．エクセルではクロス集計は**ピボットテーブル**で行うことができる（表 6.3）（詳しくは第13章（集計）で学習する）．

表 6.3　クロス集計表の例（男女別，成績ごとの人数についてのクロス集計表）

個数 / 性別	**列ラベル**					
行ラベル	**1**	**2**	**3**	**4**	**5**	**総計**
女性	1	1	7	3	3	15
男性	2	4	4	4	1	15
総計	**3**	**5**	**11**	**7**	**4**	**30**

例題 6.5　ピボットテーブルを使ってクロス集計を行う

表 6.4 は，出身地を選択したうえでの「赤みそか白みそのどちらかすきか」のアンケート結果をまとめたものである．出身地ごとに，赤みそがすきと答えた人数と白みそをすきと答えた人数それぞれを，ピボットテーブルを使って求めよ．また，求めた結果を使い，100% 積み上げ縦棒グラフを作成せよ（サポートページからダウンロードできる元データ「第 6 章ファイル 3」にデータ入力されている）．

表 6.4　「赤みそか白みそのどちらかすきか」についてのデータ（元データ「第 6 章　ファイル 3」）

番号	出身地	赤みそか白みそか
1	名古屋	赤みそ
2	東京	白みそ
3	東京	赤みそ
4	大阪	白みそ
5	東京	白みそ
6	大阪	白みそ
7	大阪	白みそ
8	名古屋	赤みそ
9	東京	赤みそ
10	名古屋	白みそ
11	東京	白みそ
12	大阪	白みそ
13	東京	赤みそ
14	東京	白みそ
15	大阪	白みそ
16	名古屋	白みそ
17	名古屋	赤みそ
18	大阪	白みそ
19	名古屋	赤みそ
20	名古屋	赤みそ
21	東京	白みそ
22	東京	白みそ
23	大阪	白みそ
24	名古屋	赤みそ
25	大阪	赤みそ
26	大阪	白みそ
27	名古屋	赤みそ

【解答】

① 表中のどこかのセルを選択した状態で，挿入タブの（テーブルグループにある）［ピボットテーブル］（の「テーブルまたは範囲から」）を選択する．「テーブル/範囲」に表全体が選択されていることを確認する．OK ボタンを押すと「ピボットテーブルのフィールド」が出てくる．

「出身地」，「赤みそか白みそか」の順にチェックを入れる．すると，「行」ボックスに「出身地」，「赤みそか白みそか」（「出身地」が上で「赤みそか白みそか」が下）が入る．

そして，上部にある，ボックスにチェックの入った「赤みそか白みそか」（という文字列）をドラッグして「値」ボックスに移動させる．

② 「値」ボックスに「個数/赤みそか白みそか」が入る（または，ボックスにチェックの入った「出身地」（という文字列）をドラッグして「値」ボックスに移動させてもいい．この場合は，

「値」ボックスに「個数/出身地」が入る).
③ すると，出身地ごとの赤みそがすきと答えた人の数（「赤みそ」というデータの個数）と白みそをすきと答えた人の数（「白みそ」というデータの個数）がそれぞれ表示される.
④ 次に,「行」ボックス内の「赤みそか白みそか」を「列」ボックスに移動させる．こうすると，赤みそがすきな人全体の数（11 人）と白みそがすきな人全体の数（16 人）も求められる.
⑤ このピボットテーブルが選択されている状態において，（ピボットテーブル）分析タブの（ツールグループにある）［ピボットグラフ］を選ぶ.「縦棒」の「100% 積み上げ縦棒」を選択すると，図のようなグラフが得られる.

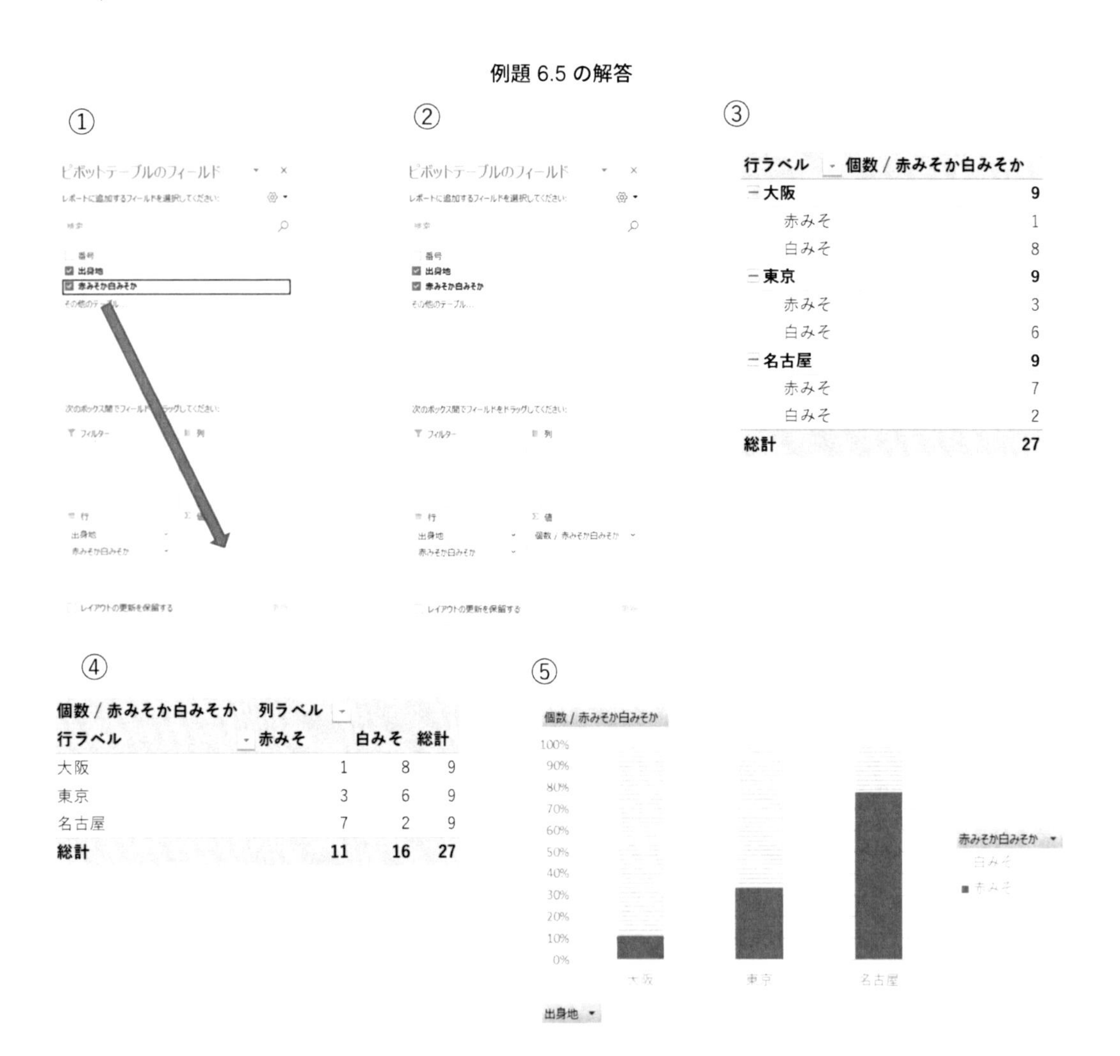

行ラベル	個数 / 赤みそか白みそか
大阪	9
赤みそ	1
白みそ	8
東京	9
赤みそ	3
白みそ	6
名古屋	9
赤みそ	7
白みそ	2
総計	27

個数 / 赤みそか白みそか	列ラベル		
行ラベル	赤みそ	白みそ	総計
大阪	1	8	9
東京	3	6	9
名古屋	7	2	9
総計	11	16	27

例題 6.5 の解答

6.3 演習問題

問題 6.1

表 6.5 はある観光地についてのデータである．このデータについて，以下の問に答えよ．ここで，折れ線グラフを作成する際は，必要に応じて第 2 軸を採用せよ（サポートページからダウンロードできる元データ「第 6 章　ファイル 4」にデータ入力されている）．

表 6.5　観光地についてのデータ（元データ「第 6 章　ファイル 4」）

日付	最高気温（℃）	旅行者数（人）	商品Aの売上金額（万円）	商品Bの売上金額（万円）
8月1日	37.1	234	23	121
8月2日	34	280	69	65
8月3日	35.2	365	65	94
8月4日	35.9	344	68	83
8月5日	36.6	457	108	88
8月6日	36.1	566	149	102
8月7日	35.3	673	163	84
8月8日	34.9	370	85	74
8月9日	34.5	367	69	80
8月10日	35.6	598	110	92
8月11日	31	705	176	52
8月12日	28.7	1322	208	59
8月13日	34	1532	271	85
8月14日	29.4	1478	250	61
8月15日	27.2	1301	347	72

問題 6.1.1

日付を横軸とし，［最高気温］の折れ線グラフと［旅行者数］の折れ線グラフを，同一グラフエリアにそれぞれ作成せよ．

問題 6.1.2

［最高気温］（横軸）と［旅行者数］（縦軸）の散布図を作成せよ．

問題 6.1.3

日付を横軸とし，［最高気温］の折れ線グラフと［商品 A の売上金額］の折れ線グラフと［商品 B の売上金額］の折れ線グラフを，同一グラフエリアにそれぞれ作成せよ．そして，［最高気温］，［商品 A の売上金額］，［商品 B の売上金額］のうち，増加傾向にあるように見えるのはどれか答えよ．

問題 6.1.4

［最高気温］（横軸）と［商品 A の売上金額］（縦軸）の散布図，および，［最高気温］（横

軸）と［商品Ｂの売上金額］（縦軸）の散布図をそれぞれ作成せよ．

問題 6.1.5

日付を横軸とし，［旅行者数］の折れ線グラフと［商品Ａの売上金額］の折れ線グラフと［商品Ｂの売上金額］の折れ線グラフを，同一グラフエリアにそれぞれ作成せよ．そして，［旅行者数］，［商品Ａの売上金額］，［商品Ｂの売上金額］のうち，同じように増減しているように見え，深い関係がありそうに見えるのは，どれとどれの組み合わせであるか答えよ．

問題 6.1.6

［旅行者数］（横軸）と［商品Ａの売上金額］（縦軸）の散布図，および，［旅行者数］（横軸）と［商品Ｂの売上金額］（縦軸）の散布図をそれぞれ作成せよ．このうち，直線的で右上がりの傾向があるものはどちらか答えよ．

問題 6.2

表 6.6 は，性別を選択したうえでの「所有している車のボディタイプ」のアンケート結果をまとめたものである．このデータについて，以下の問に答えよ（サポートページからダウンロードできる元データ「第６章　ファイル５」にデータ入力されている）．

表 6.6　「所有している車のボディタイプ」についてのデータ（元データ「第６章　ファイル 5」）

番号	性別	車のボディタイプ
1	女性	ミニバン
2	女性	SUV
3	女性	ハッチバック
4	男性	セダン
5	男性	クーペ
6	女性	ハッチバック
7	男性	セダン
8	男性	ハッチバック
9	女性	ステーションワゴン
10	男性	セダン
11	男性	ミニバン
12	女性	ミニバン
13	女性	ミニバン
14	女性	セダン
15	男性	セダン
16	女性	ハッチバック
17	男性	SUV
18	男性	ステーションワゴン
19	男性	セダン
20	女性	ミニバン
21	女性	ハッチバック
22	男性	セダン
23	女性	SUV
24	女性	SUV
25	男性	クーペ
26	女性	ステーションワゴン
27	男性	SUV
28	男性	ハッチバック
29	女性	ミニバン
30	女性	ミニバン
31	女性	ハッチバック
32	女性	ミニバン
33	男性	ステーションワゴン
34	男性	SUV
35	女性	ミニバン
36	男性	ステーションワゴン
37	男性	SUV
38	女性	SUV
39	男性	ハッチバック
40	男性	SUV

問題 6.2.1

男女別に，車の各ボディタイプ（セダン，クーペ，...）を所有しているそれぞれの人数を，ピボットテーブルを使って求めよ．また，求めた結果を使い，100% 積み上げ横棒グラフを作成せよ．

問題 6.2.2

車のボディタイプごとに，それを所有している女性の人数と男性の人数それぞれを，ピボットテーブルを使って求めよ．また，求めた結果を使い，100% 積み上げ横棒グラフを作成せよ．

第7章

相関係数と近似曲線

前章で学習したように，量的変数と量的変数との関係は，折れ線グラフや散布図を作成することにより確認できることがある．散布図を見ると直線的な関係が確認できることもあるし，グラフを見ただけでは関係が予測できないこともある．

本章では，相関係数という，2変数間の直線的な関係（相関）の強さを数値化したものについて学習する．

また，2変数の間に因果関係を想定して，散布図に直線をあてはめてみる．その直線の式を使い，予測値を計算する演習も行う．

第７章で学習すること

1. 相関係数とは何かを知る.
2. 相関係数を CORREL 関数で求める.
3. Excel アドインのデータ分析ツールの「相関」で相関係数を求める.

	気温（℃）	ビールAの売上個数（個）	アイスクリームBの売上個数（個）
気温（℃）	1		
ビールAの売上個数（個）	0.673840241	1	
アイスクリームBの売上個数（個）	0.864956376	0.695935514	1

4. 疑似相関とは何かを知る.
   相関関係 ≠ 因果関係
5. 散布図に線形近似の近似曲線を追加しその式（回帰式）を求める.

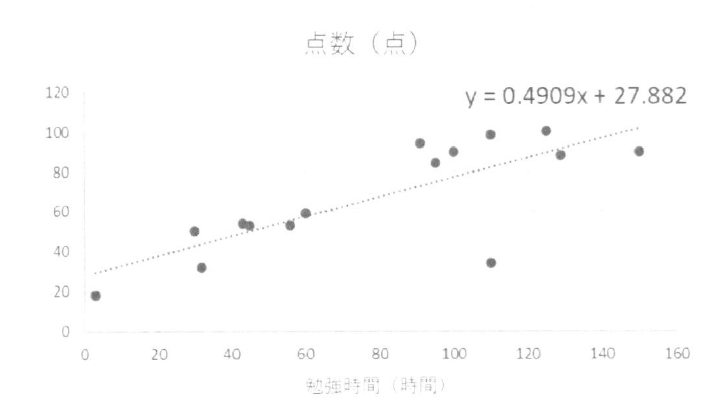

6. 回帰式により，予測値や残差を求める.
   残差 = 実測値 − 予測値

7.1　相関係数

量的変数とは時刻，気温，西暦，偏差値，年齢，身長，体重のような，対象の量の大きさをあらわすデータであった．第6章で学習したように，量的変数と量的変数との関係は，折れ線グラフや散布図を作成することにより確認できることがあった．折れ線グラフを見ると同じような増減の仕方をしていることが確認できたり，散布図を見ると直線的な関係が確認できたりした．また，グラフからでは関係が予測できないということもあった．

ここで，2変数間における直線的な関係のことを**相関**という．右上がりの直線関係，つまり，一方の数値が増加すると，もう片方の数値も増加するような2変数間の関係を**正の相関**という．一方，右下がりの直線関係，つまり，一方の数値が増加すると，もう片方の数値は減少するような2変数間の関係を**負の相関**という．

グラフによる相関の把握は，グラフの見た目の印象などに左右され，主観的なものなので注意が必要である．そこで，見た目ではなく「数値」（1つの値）によって2変数間の相関を把握したいと考える．2変数間の相関の強さを数値化したものとして，**相関係数**がある．相関係数は-1から1までの値をとり，相関係数が正のときは2変数間には正の相関があり，相関係数が負のときは2変数間には負の相関があると考えられる．また，相関係数が0のときは，2変数は**無相関**であるという．

正の相関（右上がりの直線関係）が強いと相関係数は1に近くなる．図7.1の散布図があらわす2変数の相関係数は約0.82である．

一方，負の相関（右下がりの直線関係）が強いと相関係数は-1に近くなる．図7.2の散布図があらわす2変数の相関係数は約-0.85である．

また，直線的な関係が弱いと相関係数は0に近くなる．図7.3の散布図があらわす2変数の相関係数は約-0.09である．

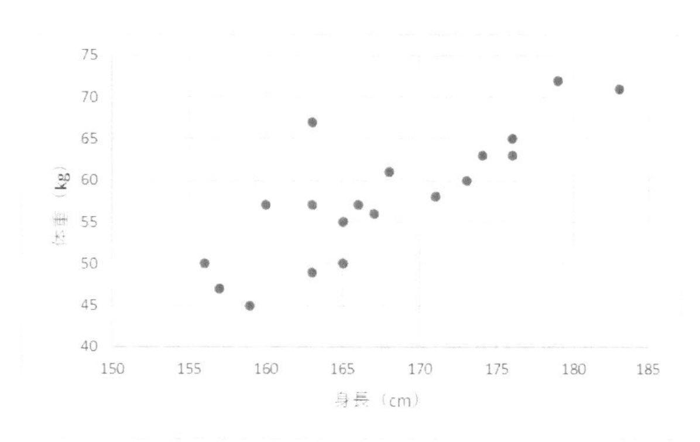

図7.1　［身長］と［体重］の散布図　相関係数0.82

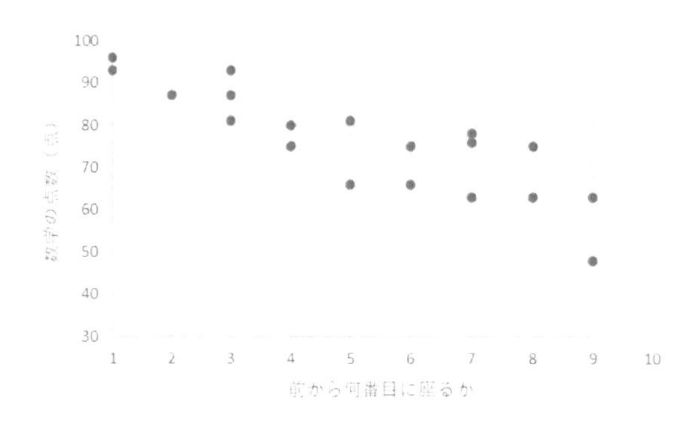

図 7.2　［教室で前から何番目に座るか］と［数学の点数］の散布図　相関係数-0.85

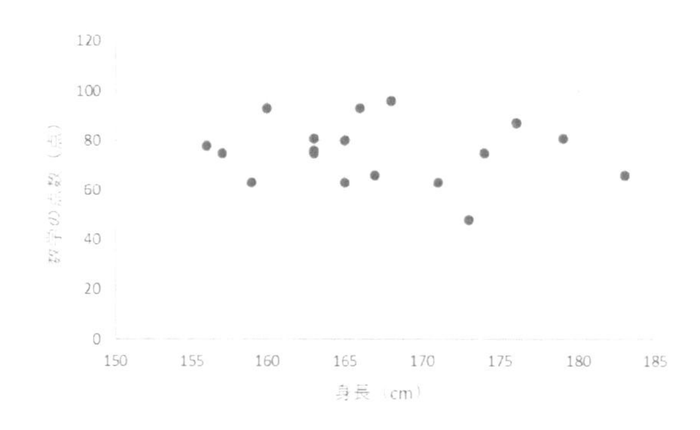

図 7.3　［身長］と［数学の点数］の散布図　相関係数-0.09

ここで，相関係数が 0 に近いからといって，2 変数間に「関係がない」と判断してはいけないことに注意しよう．散布図を見ると相関以外の関係が確認されるかもしれないのである．たとえば，下の 2 つの散布図があらわす 2 変数の相関係数はそれぞれ 0 であり，相関はないことがわかる．しかし，図 7.4 の散布図を見ると，放物線を描いていて 2 次曲線的な関係があるように見える．また，図 7.5 の散布図を見ると，左半分と右半分で異なる直線に近似しているように見える．相関はなくても「関係がない」というわけではないのである．

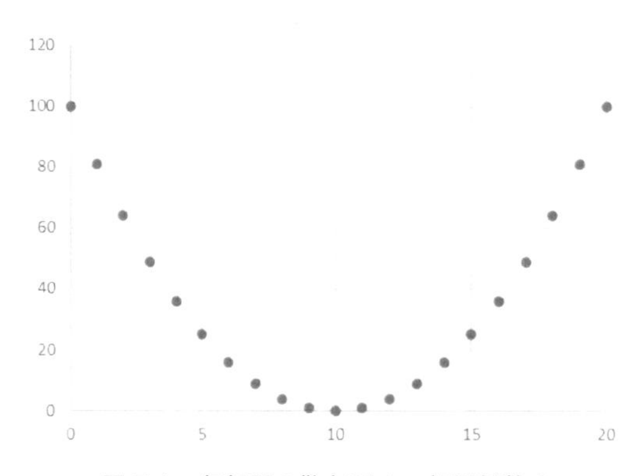

図 7.4　無相関の散布図 1　相関係数 0

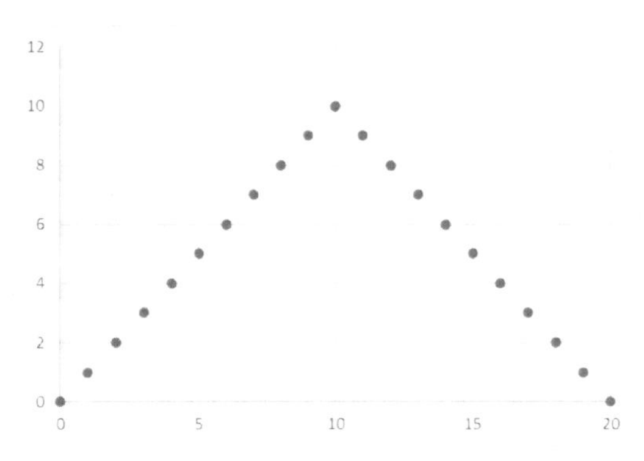

図 7.5　無相関の散布図 2　相関係数 0

注意

相関があるかどうかを判断する統一的な相関係数の基準は決まっていない.

では，実際にエクセル関数を使って相関係数を求めてみよう．**CORREL 関数**を使うと相関係数を求めることができる.

例題 7.1　CORREL 関数を使って相関係数を求める

第 6 章の「表 6.1　気温と売上個数（元データ「第 6 章　ファイル 1」）」のデータについて，以下の問に答えよ（サポートページからダウンロードできる元データ「第 6 章　ファイル 1」にデータ入力されている）.

例題 7.1.1

［気温］と［ビール A の売上個数］の相関係数，および，［気温］と［アイスクリーム B の売上個数］の相関係数を，エクセル関数でそれぞれ求めよ．そして，それぞれの散布図と比較せよ（相関係数は小数第 4 位が四捨五入された小数第 3 位までの値で求めよ）.

【解答】

まず，［気温］と［ビール A の売上個数］の相関係数を求める．セルに「=cor」などと入力し，関数の候補の一覧から「CORREL」をダブルクリックし選択する．「=CORREL(」と入力されるので，片方の変数（気温）のデータが入力されているセル範囲（B2:B15）をドラッグして選択したあと，Ctrl キーを押しながら，もう片方の変数（ビール A の売上個数）が入力されているセル範囲（C2:C15）をドラッグして選択する（または，セル範囲（B2:B15）をドラッグして選択したあと「,」を入力し，そのあと，セル範囲（C2:C15）をドラッグして選択する）. Enter キーを押すと相関係数が計算される（セルには「=CORREL(B2:B15,C2:C15)」と入力されていることが確認できる）.

小数第 3 位までの表示にすると，相関係数は約 0.674 となることがわかる．

同様に，［気温］と［アイスクリーム B の売上個数］の相関係数を求め，小数第 3 位までの表示にすると，約 0.865 となることがわかる．

それぞれの散布図を作成し，比較すると，図 7.6，図 7.7 のようになる（解答終わり）．

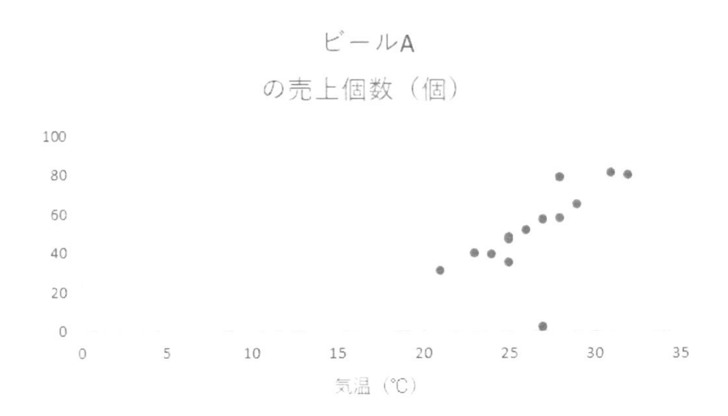

図 7.6　［気温］と［ビール A の売上個数］の散布図　相関係数 0.674

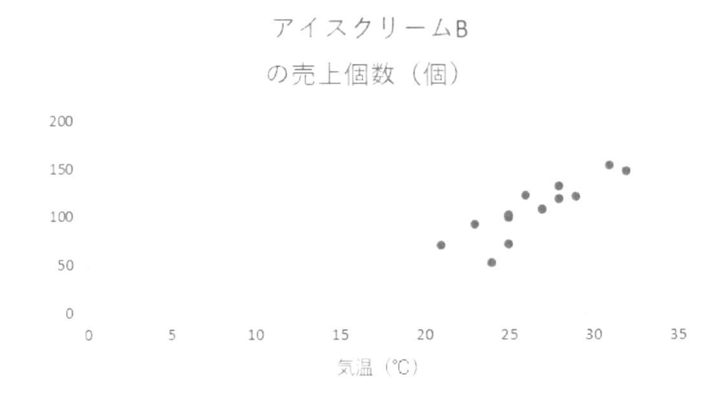

図 7.7　［気温］と［アイスクリーム B の売上個数］の散布図　相関係数 0.865

また，分析ツールを使っても相関係数を求めることができる．

例題 7.1.2

［気温］と［ビール A の売上個数］の相関係数，および，［気温］と［アイスクリーム B の売上個数］の相関係数を，Excel アドインのデータ分析ツールの「相関」でそれぞれ求めよ（相関係数は小数第 4 位が四捨五入された小数第 3 位までの値で求めよ）．

【解答】

データタブの（分析グループにある）［データ分析］を選択する．

分析ツールの「相関」を選び，「入力範囲」は気温と各売上個数のデータ（B1:D15），「データ方向」を「列」とし，「先頭行をラベルとして使用する」にチェックすればいい．これは，「入力範囲」にセル B1（「気温（℃）」）と C1（「ビール A の売上個数（個）」）と D1（「アイスクリーム B の売上個数（個）」が入っているからである．

［気温］と［ビール A の売上個数］の相関係数は約 0.674，［気温］と［アイスクリーム B の売上個数］の相関係数は約 0.865 であることがわかる（解答終わり，以下は説明）．

例題 7.1.2 の解答

	気温（℃）	ビールAの売上個数（個）	アイスクリームBの売上個数（個）
気温（℃）	1		
ビールAの売上個数（個）	0.673840241	1	
アイスクリームBの売上個数（個）	0.864956376	0.695935514	1

散布図を見ると，どちらの売上個数についても気温とは正の相関があり，「気温が上がると売上個数も上がる傾向」にあることがわかる．つまり，右上がりの直線に近似されることがわかる．そして，［気温］と［ビール A の売上個数］の相関係数は約 0.674 になり，これからも正の相関があることが確認できる．また，［気温］と［アイスクリーム B の売上個数］の相関係数は約 0.865 になり，より強い正の相関があることが確認できる．

また，同じデータどうしの相関係数は 1 になることに注意しよう（図 7.8）．

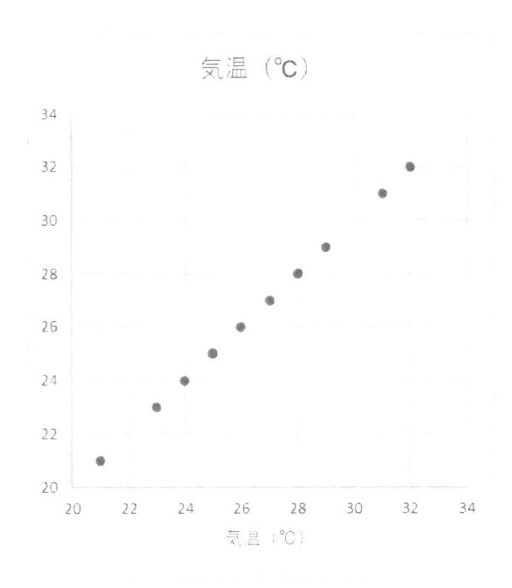

図 7.8　同じデータどうしの散布図　相関係数 1

なお，この例において，［ビール A の売上個数］と［アイスクリーム B の売上個数］との相関係数は約 0.696 となっていて正の相関が確認できる．しかし，「ビール A の売上個数が上がるとアイスクリーム B の売上個数も上がる傾向」があると結論づけるのは適切ではないだろう．この場合はビール A についてもアイスクリーム B についても「気温が上がると売上個数も上がる傾向」があるのであり，気温が原因になって売上個数という結果につながっていると考えられるのである．決して，ビール A の売上個数が原因になってビール B の売上個数という結果につながっているわけではないだろう．共通の原因（この場合は気温）があるので，これによって同じようなデータの動きをしていると考えるほうが自然である．

このような，両者が直接影響を及ぼしあっているのではなく，共通の原因があることにより間接的に起こっている相関は**疑似相関**といわれる．また，共通の要因さえ見あたらず，まったく偶然に起こっている相関のことも疑似相関とよぶ．相関がある 2 つの変数を，すぐに因果関係があると結論づけてはいけないのである．共通して影響を与えているかもしれない別の要因を考える必要があり，また，単なる偶然である可能性も検討する必要がある．量的変数と量的変数との関係は，散布図を作成したり相関係数を求めたりすることにより把握できることがあるが，それらで相関を確認しただけで，2 変数間に直接的な関係があると判断してしまわないように注意しよう．

相関関係 ≠ 因果関係

例題 7.2　疑似相関の例を考える

疑似相関である可能性が考えられる相関の例をあげよ．

【解答例】

- スイカの消費量が増えると，ビールの売り上げも上がる（気温が共通要因の可能性あり）
- 収入が上がると，血圧も上がる（年齢が共通要因の可能性あり）
- 各国においてチョコレートの消費量が増えると，ノーベル賞受賞者が増える（経済状況が共通要因の可能性あり）

例題 7.3　分析ツールを使って相関係数を一気に求める

第 6 章の「表 6.2　試験についてのデータ（元データ「第 6 章　ファイル 2」）」について，年齢と勉強時間の相関係数，年齢と点数の相関係数，そして，勉強時間と点数の相関係数をそれぞれ求め，それぞれの散布図と比較せよ．また，同じデータどうしの相関係数を求め，散布図と比較せよ（相関係数は小数第 4 位が四捨五入された小数第 3 位までの値で求めよ）（サポートページからダウンロードできる元データ「第 6 章　ファイル 2」にデータ入力されている）．

【解答】

データタブの（分析グループにある）［データ分析］を選択して，分析ツールを使う（そのほうがそれぞれの相関係数を一気に求めることができるので，関数で求めるより便利である）．

分析ツールの「相関」を選び，「入力範囲」は年齢，勉強時間，点数のデータ（B1:D16），「データ方向」を「列」とし，「先頭行をラベルとして使用する」にチェックすればいい．

例題 7.3 の解答

	年齢（歳）	勉強時間（時間）	点数（点）
年齢（歳）	1		
勉強時間（時間）	-0.401423561	1	
点数（点）	-0.013627279	0.78625926	1

それぞれの散布図を作成し，相関係数と比較すると，図 7.9〜図 7.12 のようになる．

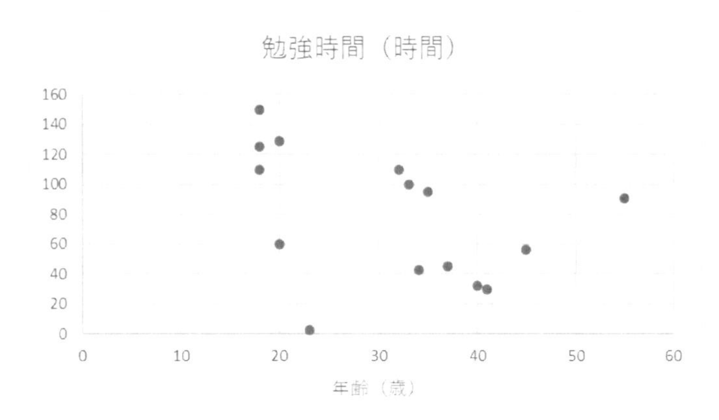

図 7.9　年齢と勉強時間の散布図　相関係数-0.401

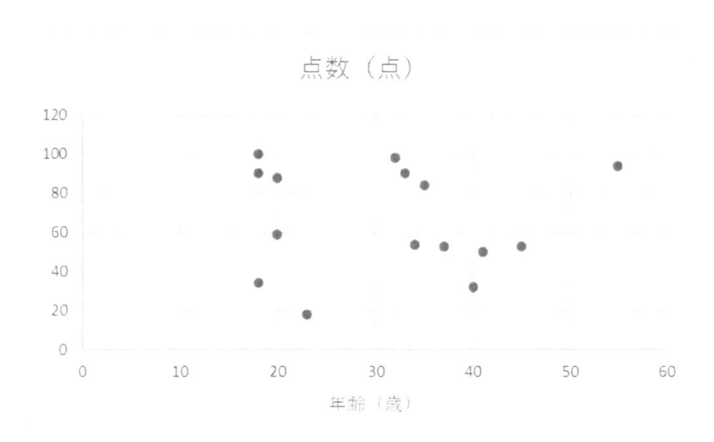

図 7.10　年齢と点数の散布図　相関係数-0.014

同じデータどうしの散布図（図 7.12）の作成方法

① たとえば，年齢と勉強時間の散布図を作成し，それを選択してから（グラフの）デザインタブにある［データの選択］をクリックする．

② 「凡例項目（系列）」の「編集」をクリックする．

③ 「系列 Y の値」を年齢のデータ（B2:B16）に変更する（セル範囲 B2:B16 をドラッグして指

定すればいい).

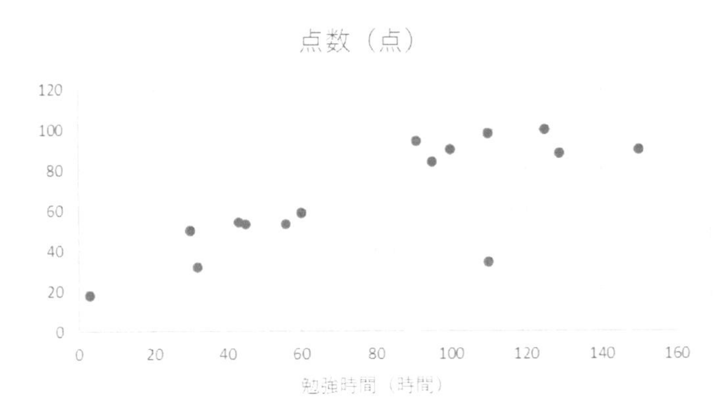

図 7.11　勉強時間と点数の散布図　相関係数 0.786

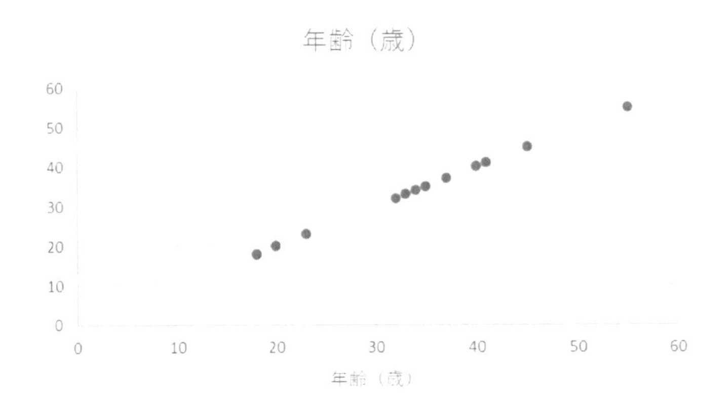

図 7.12　同じデータどうしの散布図　相関係数 1

例題 7.4　傾きの符号（＋，－）と相関係数の符号（＋，－）の関係を調べる

サポートページからダウンロードできる元データ「第 7 章　ファイル 1」を開き，［傾き 3 の直線関係にあるデータ］の相関係数，［傾き 0.1 の直線関係にあるデータ］の相関係数，［傾き-3 の直線関係にあるデータ］の相関係数，また，［傾き-0.1 の直線関係にあるデータ］の相関係数を，エクセル関数でそれぞれ求めよ（セル F15，セル N15，セル V15，セル AD15 にそれぞれ求めよ）.

【解答】

CORREL 関数を使うと，傾き 3 の直線関係にあるデータの相関係数と傾き 0.1 の直線関係にあるデータの相関係数はどちらも 1 であり（図 7.13，図 7.14），傾き-3 の直線関係にあるデータの相関係数と傾き-0.1 の直線関係にあるデータの相関係数はどちらも-1 であることがわかる（図 7.15，図 7.16）（セル F15 には「=CORREL(A2:A22,B2:B22)」，セル N15 には

「=CORREL(I2:I22,J2:J22)」，セル V15 には「=CORREL(Q2:Q22,R2:R22)」，セル AD15 には「=CORREL(Y2:Y22,Z2:Z22)」と入力される）（解答終わり，以下は説明）．

一般に，（最小 2 乗法で求めた回帰式の）傾きの符号（+，－）と相関係数の符号（+，－）は一致する．

また，相関係数が 0 から 1 へ近づくほど正の相関が強くなり，0 から-1 へ近づくほど負の相関が強くなるが，相関係数は「相関（直線関係）の強さ」をあらわすものであり，「直線の傾きの大きさ」をあらわしているものではないことに注意しよう．直線の傾きが大きいほど相関係数が大きいわけではないし，傾きが小さいほど相関係数が小さいわけでもないのである．

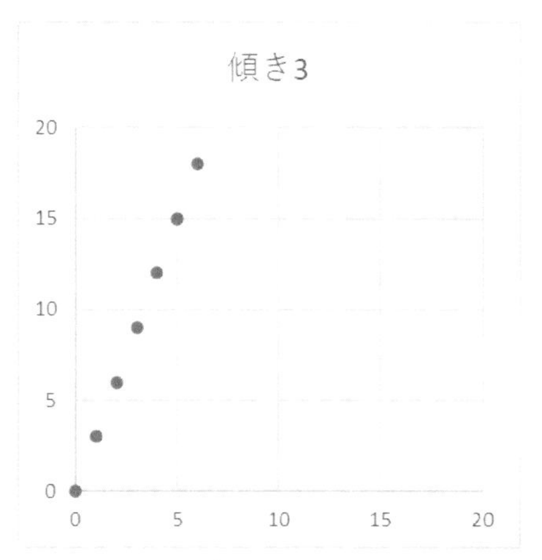

図 7.13　傾き 3 の直線関係の散布図　相関係数 1

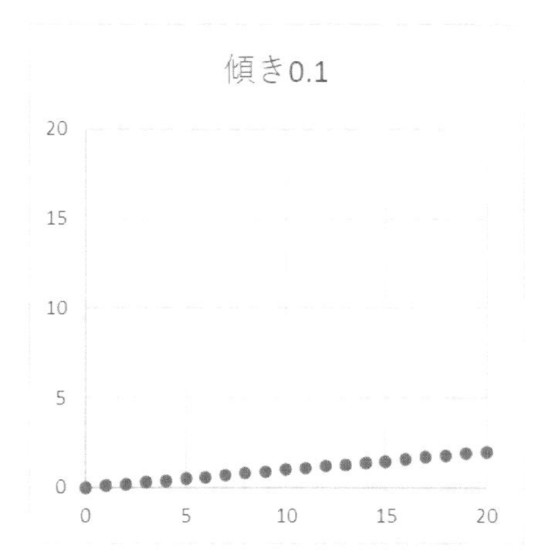

図 7.14　傾き 0.1 の直線関係の散布図　相関係数 1

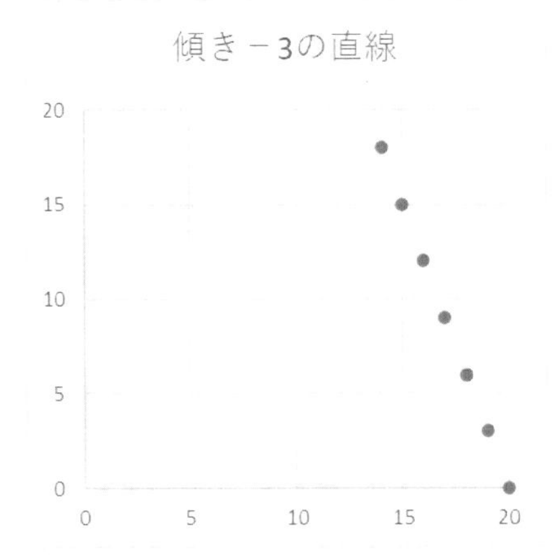

図7.15　傾き-3の直線関係の散布図　相関係数-1

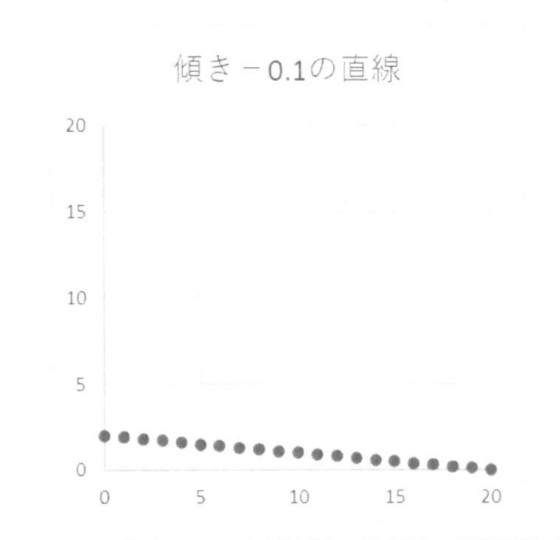

図7.16　傾き-0.1の直線関係の散布図　相関係数-1

7.2　近似曲線

上記の例題7.3の結果を見ると，年齢と勉強時間の散布図については少し右下がりの傾向があるように見え，相関係数も約-0.401であり，負の相関をあらわしている．年齢と点数の散布図については直線的な関係はすぐには確認できない．相関係数も約-0.014で無相関に近い．

そして，勉強時間と点数の散布図については直線的で右上がりの傾向があることが確認でき，相関係数も約0.786で強い正の相関をあらわしている．「勉強時間が上がると点数も上がる傾向」にあり，勉強時間が原因で点数が結果という視点で見ることができ，因果関係を想定することも可能である．この散布図に直線をあてはめてみよう．

例題 7.5　散布図に線形近似の近似曲線を追加して予測値を求める

作成した例題 7.3 のファイルを開き,「表 6.2　試験についてのデータ（元データ「第 6 章ファイル 2」)」について下記の問に答えよ．ここで，勉強時間が原因で点数が結果という因果関係を想定するとする．

例題 7.5.1

勉強時間（横軸）と点数（縦軸）の散布図において，線形近似の近似曲線を追加し，その式を求めよ（傾きは小数第 4 位まで，切片は小数第 3 位までの値で求めよ）.

【解答】

散布図のマーカー（点）の上で右クリックして「近似曲線の追加」を選択する．「近似曲線の書式設定」において,「線形近似」が選ばれていることを確認し,「グラフに数式を表示する」にチェックを入れる．すると，右上がりの直線に近似されることがわかる．その直線の式

$$y = 0.4909x + 27.882$$

も出てくる（図 7.17）(解答終わり，以下は説明).

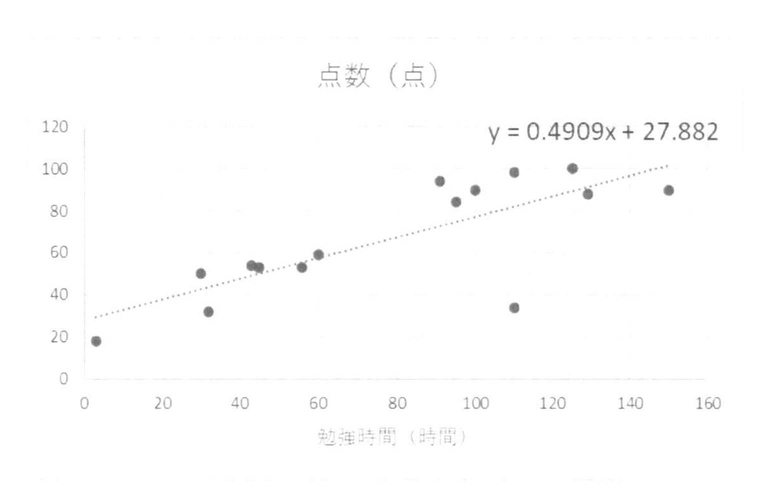

図 7.17　勉強時間と点数の散布図における近似曲線

この直線の式は**回帰式**とよばれ，回帰式を求めることは**回帰分析**とよばれる．上記のようなエクセルによる回帰分析では，**最小 2 乗法**という方法で回帰式を求めている．ここで，最小 2 乗法というのは，実測値と直線との距離の 2 乗和が最小になるような直線を求める方法である．以下では，このように求める「近似直線の式」という意味で「回帰式」という用語を使い，回帰分析ではこれを求めることとする．

この回帰式の中の「x」は原因系の変数（横軸）であり，ここでは「勉強時間」のことである．

一方,「y」は x の値が決まればそれに応じて 1 つに決まる値である．つまり,「y」は結果系の変数（縦軸）であり，ここでは「点数」のことになる．この回帰式は 1 次関数の式であり，ここでは，**傾き**が約 0.4909，**切片**が約 27.882 である．ことばで書きかえると，

点数 = 0.4909 × 勉強時間 + 27.882

ということをあらわしている．

回帰式に x の値を入れると，y の**予測値**が計算できる．たとえば，[勉強時間が 100 時間のときの点数の予測値] は

点数 = 0.4909 × 100 + 27.882 = 76.972

と計算され，約 76.972 点であると予測することができる．ところが，番号 10 は勉強時間が 100 時間であるのに，実際の点数は 90 点である．ということは，番号 10 については

実測値 − 予測値 = 90 − 76.972 = 13.028

つまり，約 13.028 点だけ予測がずれているということになる．予測値より実際の点数のほうが約 13.028 点高いのである．このずれ（**実測値 − 予測値**）のことを**残差**という．また，番号 14 については勉強時間が 150 時間なので，点数の予測値は

点数 = 0.4909 × 150 + 27.882 = 101.517

となる．しかし，実際の点数は 90 点なので，予測どおりのデータとはならず，その残差は

実測値 − 予測値 = 90 − 101.517 = −11.517

となる．予測値より実際の点数のほうが約 11.517 点低い（約-11.517 点高い）のである．

例題 7.5.2

例題 7.5.1 で求めた，勉強時間（x）と点数（y）についての回帰式を使って，[勉強時間が 80 時間のときの点数の予測値] と [勉強時間が 81 時間のときの点数の予測値] をエクセルで計算せよ．また，[勉強時間が 81 時間のときの点数の予測値] から [勉強時間が 80 時間のときの点数の予測値] をひき，差を求め，それが回帰式の傾きと一致することを確認せよ．

【解答】

例題 7.5.1 より，勉強時間（x）と点数（y）についての回帰式は

y = 0.4909x + 27.882

である．よって，空いているセルに「=0.4909*80+27.882」と入力すると，[勉強時間が 80 時間のときの点数の予測値] 約 67.154（点）が計算される．また，「=0.4909*81+27.882」と入力すると，[勉強時間が 81 時間のときの点数の予測値] 約 67.6449（点）が計算される．

そして，他のセルに，「=」を入力し，［勉強時間が 81 時間のときの点数の予測値］を計算したセルをクリックし，「-」を入力し，［勉強時間が 80 時間のときの点数の予測値］を計算したセルをクリックする．Enter キーを押すと，差，約 0.4909（点）が計算される．これは回帰式の傾きと一致する（解答終わり）．

このように，回帰式の傾きは「勉強時間が 1 時間上がると，点数がどれだけ上がるのか」という予測をあらわしている．

例題 7.5.3

例題 7.5.1 で求めた，勉強時間（x）と点数（y）についての回帰式を使って，［番号 2（勉強時間 110 時間）における点数の実測値（98 点）］から，［勉強時間が 110 時間のときの点数の予測値］をひき，差（残差）をエクセルで計算して求めよ．

【解答】

例題 7.5.1 より，勉強時間（x）と点数（y）についての回帰式は

$$y = 0.4909x + 27.882$$

である．よって，空いているセルに「=0.4909*110+27.882」と入力すると，［勉強時間が 110 時間のときの点数の予測値］約 81.881（点）が計算される．

他のセルに，「=」を入力し，［番号 2 における点数の実測値（98 点）］が入力されているセル（D3）をクリックし，「-」を入力し，［勉強時間が 110 時間のときの点数の予測値］を計算したセルをクリックする．Enter キーを押すと，差（残差）約 16.119（点）が計算される．

7.3 演習問題

問題 7.1

第 6 章の「表 6.4　観光地についてのデータ（元データ「第 6 章　ファイル 4」）」について，次の問に答えよ．ここで，［旅行者数］が原因で［商品 A の売上金額］が結果という因果関係，および，［最高気温］が原因で［商品 A の売上金額］が結果という因果関係をそれぞれ想定するとする（サポートページからダウンロードできる元データ「第 6 章　ファイル 4」にデータ入力されている）．

問題 7.1.1

［最高気温］と［旅行者数］の相関係数，［最高気温］と［商品 A の売上金額］の相関係数，［最高気温］と［商品 B の売上金額］の相関係数，［旅行者数］と［商品 A の売上金額］の相

関係数，また，［旅行者数］と［商品 B の売上金額］の相関係数をそれぞれ求めよ．そして，それぞれの散布図と比較せよ（相関係数は小数第 4 位が四捨五入された小数第 3 位までの値で求めよ）．

問題 7.1.2

［旅行者数］と［商品 A の売上金額］の散布図において，線形近似の近似曲線を追加し，その式（回帰式）を求めよ（回帰式の傾きは小数第 4 位まで，切片は小数第 3 位までの値で求めよ）．

問題 7.1.3

問題 7.1.2 で求めた，［旅行者数］（原因）と［商品 A の売上金額］（結果）についての回帰式を使って，［旅行者数が 1000 人のときの商品 A の売上金額の予測値］（単位：万円）と［旅行者が誰もいないときの商品 A の売上金額の予測値］（単位：万円）をエクセルで計算して求めよ．また，後者が回帰式の切片と等しくなることを確認せよ．

問題 7.1.4

［最高気温］と［商品 A の売上金額］の散布図において，線形近似の近似曲線を追加し，その式（回帰式）を求めよ（回帰式の傾きは小数第 3 位まで，切片は小数第 2 位までの値で求めよ）．

問題 7.1.5

問題 7.1.4 で求めた，［最高気温］（原因）と［商品 A の売上金額］（結果）についての回帰式を使って，［最高気温が 30.0 ℃のときの商品 A の売上金額の予測値］（単位：万円）と［最高気温が 31.0 ℃のときの商品 A の売上金額の予測値］（単位：万円）をエクセルで計算して求めよ．

問題 7.1.6

［8 月 11 日（最高気温 31.0 ℃）における商品 A の売上金額の実測値］から，問題 7.1.5 で求めた［最高気温が 31.0 ℃のときの商品 A の売上金額の予測値］をひき，差（残差）をエクセルで計算して求めよ（単位：万円）．

第8章

回帰式と予測値

2変数間の相関（直線関係）を把握し，因果関係を想定した場合，散布図を直線で近似して回帰分析をすることができる．

本章では，Excel アドインのデータ分析ツールを使って回帰分析を行う．そして，回帰式の傾きがあらわす意味を確認したり，予測値や残差を求める演習を行ったりする．また，このとき求められる R-2 乗値は何をあらわしているのかについても学習する．

第8章で学習すること

1. 回帰式により，予測値や残差を求める（前章の復習）.
2. Excel アドインのデータ分析ツールの「回帰分析」で回帰分析を行い，回帰式の傾き，切片，予測値，残差，そして，R-2 乗値を確認する.

回帰統計	
重相関 R	0.6738402
重決定 R2	**0.4540607**
補正 R2	0.4085657
標準誤差	16.73248
観測数	14

分散分析表

	自由度	変動	分散	観測された分散比	有意 F
回帰	1	2794.2894	2794.2894	9.980464376	0.0082333
残差	12	3359.7106	279.97589		
合計	13	6154			

	係数	標準誤差	t	P-値	下限 95%	上限 95%	下限 95.0%	上限 95.0%
切片	**−78.22979**	41.149738	−1.9011	0.081568806	−167.8874	11.427791	−167.8874	11.427791
気温（℃）	**4.8765957**	1.5436235	3.1591873	0.008233265	1.5133291	8.2398624	1.5133291	8.2398624

観測値	予測値: ビールA の売上個数（個）	残差
1	33.93191489	6.0680851
2	43.68510638	4.3148936
3	72.94468085	8.0553191
4	53.43829787	3.5617021
5	43.68510638	−8.685106
6	38.80851064	0.1914894
7	58.31489362	−0.314894
8	77.8212766	2.1787234
9	63.19148936	1.8085106
10	58.31489362	20.685106
11	53.43829787	−51.4383
12	48.56170213	3.4382979
13	24.1787234	6.8212766
14	43.68510638	3.3148936

3. R-2 乗値とは何かを知る.
4. 散布図に線形近似の近似曲線を追加し R-2 乗値を求める.

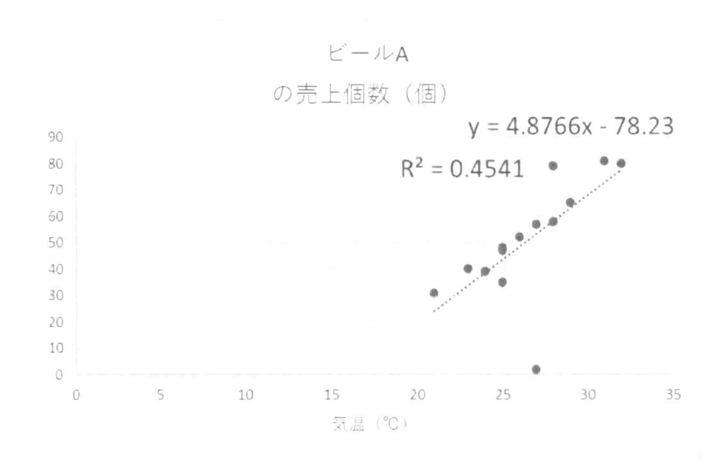

5. 価格（原因）と売上個数（結果）についての回帰式を使って，価格を 1 円下げると売上個数はいくつ増えるか予測する.

8.1 回帰式

前章で学習したように，量的変数と量的変数との間に相関があり，因果関係を想定する場合，散布図を直線で近似することができる．その直線は原因系変数（横軸）を「x」，結果系変数（縦軸）を「y」とすると，

$y = ax + b$ （a, b は定数）

という1次関数の式（**回帰式**）であらわされる．y（結果系変数）はx（原因系変数）が決まればそれに応じて1つに決まる値である．

回帰式を使うと，予測値や残差を求めることができる．ここで，**予測値**とは，**回帰式にxの値を入れたときのyの値**のことであり，**残差**とは

実測値 − 予測値

のことである．残差の絶対値が小さいほど予測があたっているということになり，残差の絶対値が大きいほど予測が外れているということになる．

なお，一般に，直線の方程式「$y = ax + b$ (a, b は定数)」において，xが1増えるとyは傾きaの分だけ増える．つまり，回帰式によって，原因系変数の値（xの値）が1増えると，結果系変数の値（yの値）は傾きaの分だけ増えると予測できるということになる．

また，一般に，直線の方程式「$y = ax + b$ (a, b は定数)」において，xが0のときyは切片bの値と等しくなる．つまり，回帰式において，原因系変数の値（xの値）が0のときには結果系変数の値（yの値）は切片と等しくなるということが予測できるということになる．

では，次の例題で，回帰式による予測値や残差の求め方を復習し，さらに，Excelアドインのデータ分析ツールの「回帰分析」を使うと回帰式の傾きと切片，予測値，そして，残差などを簡単に求められることを確認しよう．また，このとき同時に求められるR-2乗値とは何かについても学習しよう．

例題 8.1　回帰分析を行う

第6章の「表6.1　気温と売上個数（元データ「第6章　ファイル1」)」のデータについて，気温が原因で，売上個数が結果という因果関係を想定するとき，以下の問に答えよ（サポートページからダウンロードできる元データ「第6章　ファイル1」にデータ入力されている).

例題 8.1.1

［気温］（横軸）と［ビールAの売上個数］（縦軸）の散布図において，線形近似の近似曲線を追加し，その式（回帰式）を求めよ（回帰式の傾きは小数第4位まで，切片は小数第2位までの値で求めよ).

【解答】

散布図のマーカー（点）の上で右クリックして「近似曲線の追加」を選択する．「近似曲線の

書式設定」において，「線形近似」が選ばれていることを確認し，「グラフに数式を表示する」にチェックを入れる．すると，右上がりの直線に近似されることがわかる．その直線の式（回帰式）は

y = 4.8766x − 78.23

であることがわかる（図 8.1）（この式をことばで書くと，

ビール A の売上個数 = 4.8766 × 気温 − 78.23

ということである）．

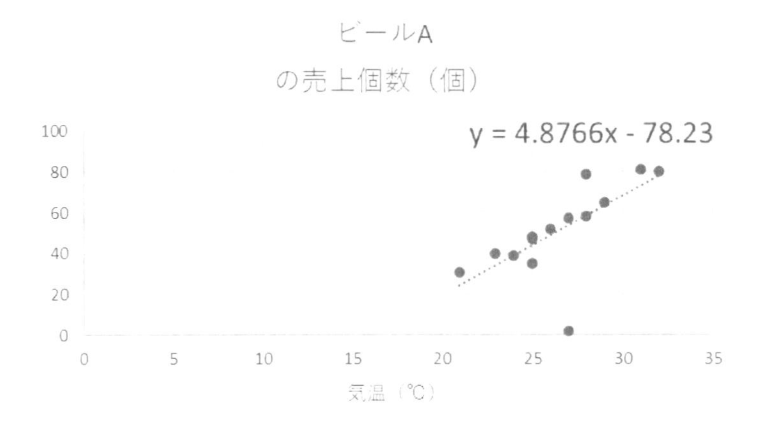

図 8.1　気温とビール A の売上個数の回帰式

例題 8.1.2

例題 8.1.1 で求めた［気温］と［ビール A の売上個数］についての回帰式を使って，［気温 30 ℃のときのビール A の売上個数の予測値］をエクセルで計算せよ．

【解答】

例題 8.1.1 より，［気温］（x）と［ビール A の売上個数］（y）についての回帰式は

y = 4.8766x − 78.23

である．よって，空いているセルに「=4.8766*30-78.23」と入力すると，［気温 30 ℃のときのビール A の売上個数の予測値］約 68.068（個）が計算される．

例題 8.1.3

例題 8.1.1 で求めた［気温］と［ビール A の売上個数］についての回帰式を使って，気温が

1 ℃上がると，ビール A の売上個数がどれだけ増えるか予測せよ．

【解答】

例題 8.1.1 より，気温（x）とビール A の売上個数（y）についての回帰式は

$$y = 4.8766x - 78.23$$

である．ここで，一般に，直線の方程式「y = ax + b（a, b は定数）」において，x が 1 増えると y は傾き a の分だけ増える．つまり，気温が 1 ℃上がると，ビール A の売上個数は傾き分約 4.8766（個）だけ増えると予測できることになる（解答終わり）．

このように，回帰式の傾きの値の大きさで，原因 x が 1 大きくなったときに，結果 y にどの程度の影響を与えるかが判断できるのである．

例題 8.1.4

例題 8.1.1 で求めた［気温］と［ビール A の売上個数］についての回帰式を使って，［B 列の気温のデータに対するビール A の売上個数の予測値］を E 列に求めよ．

【解答】

例題 8.1.1 より，［気温］（x）と［ビール A の売上個数］（y）についての回帰式は

$$y = 4.8766x - 78.23$$

である．よって，セル E2 に「=4.8766*B2-78.23」と入力する（この中の「B2」はセル B2 をクリックすることにより入力される）．これを下にオートフィルすると，［B 列の気温のデータに対するビール A の売上個数の予測値］が求められる（表 8.1）．

例題 8.1.5

C 列の［ビール A の売上個数の実測値］と，例題 8.1.4 で E 列に求めた［B 列の気温のデータに対するビール A の売上個数の予測値］との差（残差）を，F 列に計算して求めよ．そして，一番予測があたっている（残差の絶対値が小さい）のは何日目か，また，一番予測が外れている（残差の絶対値が大きい）のは何日目かを答えよ．

【解答】

セル F2 に「=C2-E2」と入力する（この中の「C2」と「E2」はそれぞれセル C2 とセル E2 をクリックすることにより入力される）．これを下にオートフィルする（表 8.1）．

表 8.1　気温とビール A の売上個数についての回帰式による残差

	気温（℃）	ビールA の売上個数（個）	アイスクリームB の売上個数（個）	ビールAの売上個数 の予測値（個）	残差
1日目	23	40	91	33.9318	6.0682
2日目	25	48	99	43.685	4.315
3日目	31	81	153	72.9446	8.0554
4日目	27	57	107	53.4382	3.5618
5日目	25	35	71	43.685	-8.685
6日目	24	39	52	38.8084	0.1916
7日目	28	58	118	58.3148	-0.3148
8日目	32	80	147	77.8212	2.1788
9日目	29	65	120	63.1914	1.8086
10日目	28	79	131	58.3148	20.6852
11日目	27	2	107	53.4382	-51.4382
12日目	26	52	122	48.5616	3.4384
13日目	21	31	70	24.1786	6.8214
14日目	25	47	101	43.685	3.315

これより，一番予測があたっているのは 6 日目（残差約 0.1916（個））で，一番予測が外れているのは 11 日目（残差約-51.4382（個））であることがわかる（解答終わり）．

次は，分析ツールを使って回帰分析をしてみよう．

例題 8.1.6

［気温］と［ビール A の売上個数］について，Excel アドインのデータ分析ツールで回帰分析を行い，その結果が例題 8.1.1，例題 8.1.4，例題 8.1.5 で求めたこと（回帰式，予測値，残差）と一致することを確認せよ．

【解答】

データタブの（分析グループにある）［データ分析］を選択する．

分析ツールの「回帰分析」を選び，「入力 Y 範囲」は結果系のデータ（この場合は「ビール A の売上個数」，C1:C15），「入力 X 範囲」は原因系のデータ（この場合は「気温」，B1:B15）とし，「ラベル」にチェックする．これは，「入力 Y 範囲」に C1（「ビール A の売上個数（個）」），「入力 X 範囲」にセル B1（「気温（℃）」）が入っているからである．「残差」にもチェックを入れておく．

注意

「入力 Y 範囲」と「入力 X 範囲」に入力するデータを逆にしないように気をつけよう．上にある「入力 Y 範囲」に結果系の変数（縦軸）を入れ，下にある「入力 X 範囲」に原因系の変数（横軸）を入れるようにする．

表 8.2 気温とビール A の売上個数についての回帰分析の概要

回帰統計	
重相関 R	0.6738402
重決定 R2	**0.4540607**
補正 R2	0.4085657
標準誤差	16.73248
観測数	14

分散分析表

	自由度	変動	分散	観測された分散比	有意 F
回帰	1	2794.2894	2794.2894	9.980464376	0.0082333
残差	12	3359.7106	279.97589		
合計	13	6154			

	係数	標準誤差	t	P-値	下限 95%	上限 95%	下限 95.0%	上限 95.0%
切片	**-78.22979**	41.149738	-1.9011	0.081568806	-167.8874	11.427791	-167.8874	11.427791
気温（℃）	**4.8765957**	1.5436235	3.1591873	0.008233265	1.5133291	8.2398624	1.5133291	8.2398624

この表 8.2 の中の「切片」（約-78.23）が回帰式の切片であり，その下の「気温」（約 4.8766）が回帰式の傾きのことである．これより［気温］（x）と［ビール A の売上個数］（y）についての回帰式が

$$y = 4.8766x - 78.23$$

となることがわかり，例題 8.1.1 での結果と同じであることが確認できる．

また，予測値と残差も求められる（表 8.3）．これらはそれぞれ，例題 8.1.4 で求めた［B 列の気温のデータに対するビール A の売上個数の予測値］と例題 8.1.5 で求めた残差と同じ（誤差はある）であることが確認できる（解答終わり）．

表 8.3 気温とビール A の売上個数についての回帰分析の残差出力

観測値	予測値: ビールA の売上個数（個）	残差
1	33.93191489	6.0680851
2	43.68510638	4.3148936
3	72.94468085	8.0553191
4	53.43829787	3.5617021
5	43.68510638	-8.685106
6	38.80851064	0.1914894
7	58.31489362	-0.314894
8	77.8212766	2.1787234
9	63.19148936	1.8085106
10	58.31489362	20.685106
11	53.43829787	-51.4383
12	48.56170213	3.4382979
13	24.1787234	6.8212766
14	43.68510638	3.3148936

ここで，回帰分析の「概要」の上から2つ目「**重決定 R2**」とは何かを確認しよう．これは，**R-2 乗値**とよばれるもので，(回帰式を最小2乗法で求めた場合は) 0から1の値をとり，回帰式による予測の精度をあらわしている．決定係数または寄与率ともよばれ，回帰式の実際の値へのあてはまり具合のよさを数値化したようなものである．回帰式はどんなに相関の弱い2変数間についてでも基本的にはつくることができてしまうので，その予測の精度（や有意性）を確認することが重要となる．

回帰式による予測値が実際の値と完全に一致するとき，つまり，散布図上の点が一直線に並ぶときのR-2乗値は1になる．回帰式の実際の値へのあてはまり具合は，R-2乗値が大きい（最大値は1）ほど，よくなるのである．

たとえば，下の［1日にどれくらい食べるか］と［体重］の散布図（図8.2）中の回帰式については，R-2乗値は約0.928であり，1に近い．回帰直線は散布図の点によくあてはまっていることが確認できる．［1日にどれくらい食べるか］で［体重］の変動の約92.8％を説明できるという表現をされることがある．

一方、予測値があてにならないときはR-2乗値が0に近くなり，回帰式に説明力がないということになる．たとえば，下の［体重］と［数学の点数］の散布図（図8.3）中の回帰式については，R-2乗値は約0.034であり，0に近い．回帰直線は散布図の点にあまりあてはまっていないことが確認できる．

上記で行った，［気温］と［ビールAの売上個数］についての回帰分析では，R-2乗値は約0.454である．

なお，R-2乗値は，作成した散布図において近似曲線を追加する際に，「近似曲線の書式設定」において，［グラフにR-2乗値を表示する］にチェックを入れても出てくる．

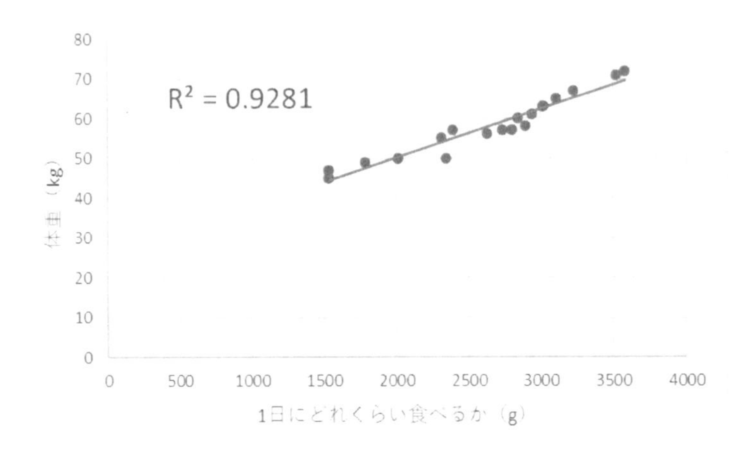

図8.2　［1日にどれくらい食べるか］と［体重］のR-2乗値

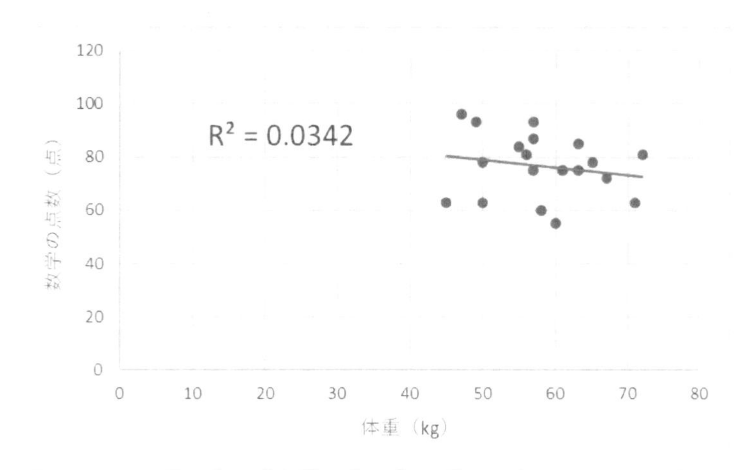

図 8.3　［体重］と［数学の点数］の R-2 乗値

注意

予測精度が高いかどうかを判断する統一的な R 2 乗値の基準は決まっていない．

例題 8.1.7

例題 8.1.1 で線形近似の近似曲線を追加した，［気温］（横軸）と［ビール A の売上個数］（縦軸）の散布図について，「近似曲線の書式設定」で［グラフに R-2 乗値を表示する］にチェックを入れよ．それで求められた R-2 乗値が，例題 8.1.6 で行った回帰分析で求めた R-2 乗値と一致することを確認せよ．

【解答】

散布図の近似曲線の上で右クリック（またはダブルクリック）して「近似曲線の書式設定」を出し，「グラフに R-2 乗値を表示する」にチェックを入れる．

R-2 乗値は約 0.454 であり，例題 8.1.6 で求めた R-2 乗値と一致することが確認できる（図 8.4）（解答終わり）．

ここで，回帰式の傾きの符号（＋，－）と相関係数の符号（＋，－）の関係を再確認しておこう．

最小 2 乗法で求めた回帰式の傾きがプラスであるとき，相関係数の値も同じくプラスになる（このとき，散布図では右上がりの直線関係が確認できるであろう．図 8.5 参照）．

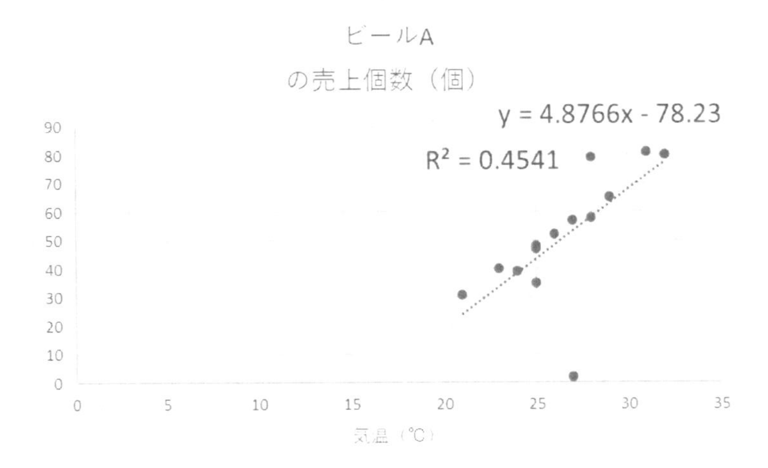

図 8.4　気温とビール A の売上個数の R-2 乗値

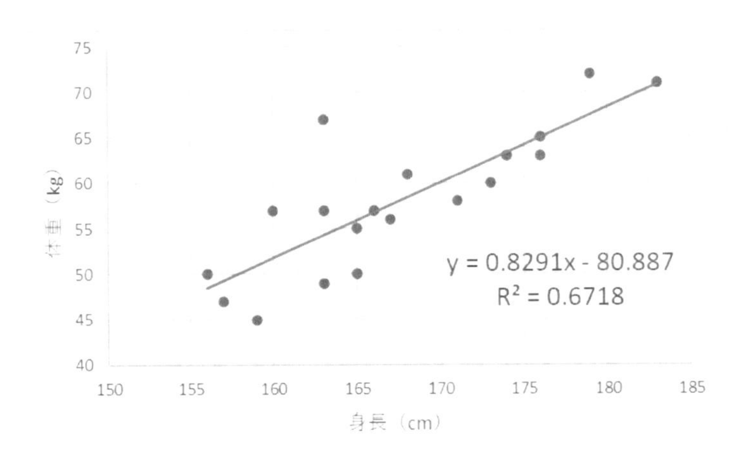

図 8.5　［身長］と［体重］の散布図　相関係数 0.82

一方，最小 2 乗法で求めた回帰式の傾きがマイナスであるとき，相関係数の値も同じくマイナスになる（このとき，散布図では右下がりの直線関係が確認できるであろう．図 8.6 参照）．

このように，回帰式の傾きの符号（＋，－）と相関係数の符号（＋，－）は一致するのである．かといって，相関係数は「回帰式の傾きの大きさ」をあらわしているのではないことには注意しよう．相関係数は「相関（直線関係）の強さ」をあらわしているのである（参考：例題 7.4）．

また，いずれの場合も（回帰式を最小 2 乗法で求めた場合は）R-2 乗値は決してマイナスの値にはならないことにも注意しよう．

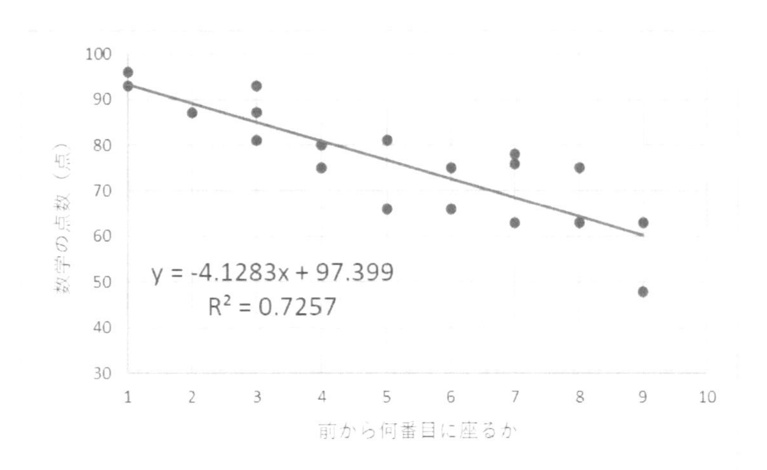

図 8.6　［教室で前から何番目に座るか］と［数学の点数］の散布図　相関係数-0.85

例題 8.2　原因が結果に与える影響の大きさや予測精度について考える

第 6 章の「表 6.1　気温と売上個数（元データ「第 6 章　ファイル 1」）」のデータについて，気温が原因で，売上個数が結果という因果関係を想定するとき，以下の問に答えよ（サポートページからダウンロードできる元データ「第 6 章　ファイル 1」にデータ入力されている）．

例題 8.2.1

［気温］と［アイスクリーム B の売上個数］についての回帰式を使って，［気温 30 ℃のときのアイスクリーム B の売上個数の予測値］をエクセルで計算せよ（小数第 3 位が四捨五入された小数第 2 位までの値で求めよ）．

【解答】

分析ツールの「回帰分析」を選び，「入力 Y 範囲」は結果系のデータ（この場合は「アイスクリーム B の売上個数」，D1:D15），「入力 X 範囲」は原因系のデータ（この場合は「気温」，B1:B15）とし，「ラベル」にチェックする．「残差」にもチェックを入れておく．

回帰分析の結果，回帰式の傾きは約 8.31，切片は約-113.87 となることがわかる．

例題 8.2.1 の解答

	係数
切片	**-113.8748**
気温（℃）	**8.310638**

つまり，［気温］（x）と［アイスクリーム B の売上個数］（y）についての回帰式は

$y = 8.31x - 113.87$　（傾きと切片は概数）

となる．よって，［気温 30 ℃のときのアイスクリーム B の売上個数の予測値］は，空いているセルに「= ［傾きが入力されたセル番地］*30+［切片が入力されたセル番地］」と入力すると求められる（この中の［傾きが入力されたセル番地］は［傾きが入力されたセル］をクリックすることにより入力される．［切片が入力されたセル番地］についても同様である）．約 135.44（個）と計算される．

補足

約 8.31（回帰式の傾き），約-113.87（回帰式の切片）というのは，どちらも小数第 3 位が四捨五入された小数第 2 位までの値であるので，分析ツールで求められた上記（「例題 8.2.1 の解答」）のセルの値のほうが正確である．よって，「= ［傾きが入力されたセル番地］*30+［切片が入力されたセル番地］」のように，これらのセルを指定することによって，より正確な予測値を求めることができる．これをもし「=8.31*30-113.87」と計算すると，135.43 という値が計算され，少し誤差が生じることがわかる．

例題 8.2.2

［気温］と［アイスクリーム B の売上個数］についての回帰分析の結果，気温が 1 ℃上がると，アイスクリーム B の売上個数がどれだけ増えるか予測せよ（小数第 3 位が四捨五入された小数第 2 位までの値で求めよ）．

【解答】

例題 8.2.1 より，［気温］（x）と［アイスクリーム B の売上個数］（y）についての回帰式は

$y = 8.31x - 113.87$　（傾きと切片は概数）

となる．一般に，直線の方程式「$y = ax + b$ (a, b は定数)」において，x が 1 増えると y は傾き a の分だけ増える．つまり，気温が 1 ℃上がると，アイスクリーム B の売上個数は約 8.31（個）だけ増えると予測できることになる．

例題 8.2.3

［気温］と［アイスクリーム B の売上個数］についての回帰分析の結果，［アイスクリーム B の売上個数の実測値］と［回帰式による予測値］が最も近いのは何日目か答えよ．また，その実測値と予測値を求めよ（予測値は小数第 3 位が四捨五入された小数第 2 位までの値で求めよ）．

【解答】

実測値と予測値が最も近いというのは，実測値 − 予測値，つまり，残差が最も 0 に近いということである．

回帰分析の結果，残差が最も 0 に近いのは，観測値 7，つまり，7 日目である（その残差は約-0.82 である）．この日のアイスクリーム B の売上個数の実測値は 118（個）であり，予測値は

約 118.82（個）である．

例題 8.2.3 の解答

観測値	予測値: アイスクリームB の売上個数（個）	残差
1	77.26990881	13.73009
2	93.89118541	5.108815
3	143.7550152	9.244985
4	110.512462	-3.51246
5	93.89118541	-22.8912
6	85.58054711	-33.5805
7	118.8231003	**-0.8231**
8	152.0656535	-5.06565
9	127.1337386	-7.13374
10	118.8231003	12.1769
11	110.512462	-3.51246
12	102.2018237	19.79818
13	60.64863222	9.351368
14	93.89118541	7.108815

例題 8.2.4

［気温］と［アイスクリーム B の売上個数］についての回帰分析における R-2 乗値を求めよ（小数第 4 位が四捨五入された小数第 3 位までの値で求めよ）．

【解答】

［気温］と［アイスクリーム B の売上個数］についての回帰分析における R-2 乗値は約 0.748 であることがわかる．

例題 8.2.4 の解答

回帰統計	
重相関 R	0.864956376
重決定 R2	**0.748149533**
補正 R2	0.727161994
標準誤差	15.0882846
観測数	14

例題 8.2.5

［気温］と［ビール A の売上個数］についての回帰式による予測精度と，［気温］と［アイスクリーム B の売上個数］についての回帰式による予測精度のうち，大きいほうはどちらかを答えよ．

【解答】

（例題 8.1 より）［気温］と［ビール A の売上個数］についての R-2 乗値は約 0.454 であり，（例題 8.2.4 より）［気温］と［アイスクリーム B の売上個数］についての R-2 乗値は約 0.748 である．

よって，［気温］と［ビール A の売上個数］についての回帰式による予測精度と，［気温］と［アイスクリーム B の売上個数］についての回帰式による予測精度のうち，大きいほうは［気温］と［アイスクリーム B の売上個数］についての回帰式による予測精度である．

8.2　演習問題

問題 8.1

第 6 章の「表 6.4　観光地についてのデータ（元データ「第 6 章　ファイル 4」）」について，最高気温が原因で，売上金額が結果という因果関係を想定するとき，次の問に答えよ（サポートページからダウンロードできる元データ「第 6 章　ファイル 4」にデータ入力されている）．

問題 8.1.1

［最高気温］と［商品 A の売上金額］について回帰分析を行い，最高気温が 1 ℃増えたとき商品 A の売上金額はいくら減ると予測されるか答えよ（単位：万円）（小数第 3 位が四捨五入された小数第 2 位までの値で求めよ）．

問題 8.1.2

［最高気温］と［商品 A の売上金額］についての回帰分析の結果，残差が最も大きい日にちとその日の商品 A の売上金額の予測値（単位：万円）を求めよ（予測値は小数第 3 位が四捨五入された小数第 2 位までの値で求めよ）．

問題 8.1.3

［最高気温］と［商品 A の売上金額］についての回帰分析の結果，最高気温が 33.3 ℃のときの商品 A の売上金額の予測値（単位：万円）を求めよ（小数第 3 位が四捨五入された小数第 2 位までの値で求めよ）．

問題 8.1.4

［最高気温］と［商品 A の売上金額］についての回帰式による予測精度と，［最高気温］と［商品 B の売上金額］についての回帰式による予測精度のうち，大きいほうはどちらかを答えよ．

問題 8.2

第 6 章の「表 6.2　試験についてのデータ（元データ「第 6 章　ファイル 2」）」について，勉強時間が原因で，点数が結果という因果関係を想定するとき，次の問に答えよ（サポートページからダウンロードできる元データ「第 6 章　ファイル 2」にデータ入力されている）．

問題 8.2.1

勉強時間と点数について回帰分析を行い，一番予測があたっている（残差の絶対値が最も小さい）番号，その残差，予測値，および，実測値を求めよ．また，この実測値から予測値をひいたものがその残差になることを確認せよ（残差と予測値は小数第 4 位が四捨五入された小数第 3 位までの値で求めよ）．

問題 8.2.2

勉強時間と点数についての回帰分析の結果，［勉強時間が 120 時間のときの点数の予測値］と［勉強時間が 130 時間のときの点数の予測値］を求めよ（小数第 4 位が四捨五入された小数第 3 位までの値で求めよ）．

問題 8.2.3

勉強時間と点数についての回帰分析の結果，90 点以上の点数を取るには，何時間勉強すれば十分であると予測できるか答えよ（最も小さい整数値で答えよ）．

問題 8.2.4

勉強時間と点数についての回帰分析における R-2 乗値を求めよ（小数第 4 位が四捨五入された小数第 3 位までの値で求めよ）．

問題 8.3

表 8.4 はある商品の販売価格と売上個数についてのデータである．このデータについて，価格が原因で，売上個数が結果という因果関係を想定するとき，下記の問に答えよ（サポートページからダウンロードできる元データ「第 8 章　ファイル 1」にデータ入力されている）．

表 8.4　価格と売上個数（元データ「第 8 章　ファイル 1」）

	価格（円）	売上個数（個）
1日目	230	1032
2日目	240	899
3日目	235	1008
4日目	235	965
5日目	250	798
6日目	240	1121
7日目	230	1127
8日目	220	1308
9日目	225	1230
10日目	225	975
11日目	245	876
12日目	230	1108
13日目	255	714
14日目	250	888

問題 8.3.1

価格と売上個数の相関係数を求めよ（小数第 3 位が四捨五入された小数第 2 位までの値で求めよ）.

問題 8.3.2

価格（横軸）と売上個数（縦軸）の散布図を作成せよ．また，線形近似の近似曲線を追加し，その式（回帰式）を求めよ（回帰式の傾きは小数第 3 位まで，切片は小数第 1 位までの値で求めよ）.

問題 8.3.3

問題 8.3.2 で求めた価格と売上個数についての回帰式を使って，価格を 260 円としたときの売上個数をエクセルで計算して予測せよ（小数第 1 位が四捨五入された整数の値で求めよ）.

問題 8.3.4

問題 8.3.2 で求めた価格と売上個数についての回帰式より，価格を 1 円上げると売上個数はいくつ減るか予測せよ（小数第 3 位が四捨五入された小数第 2 位までの値で求めよ）.

問題 8.3.5

問題 8.3.4 の結果より，価格を 1 円下げると売上個数はいくつ増えるか予測せよ（小数第 3 位が四捨五入された小数第 2 位までの値で求めよ）.

第9章

最適化

回帰分析を行い，価格と売上個数についての回帰式を得ることができた場合，それを使って売上個数の予測値を求めることができる．

本章では，その売上個数の予測値により利益も予測し，予測利益が最大になるような価格はいくらになるかを求める．まずは，エクセルに計算式を入力することにより求め，次に，Excel アドインの「ソルバー」を使って求める演習を行う．

第9章で学習すること

1. 利益，売上個数，価格，仕入れ値の関係を確認する．

利益 ＝ 売上個数 × (価格 － 仕入れ値)

2. 価格（原因）と売上個数（結果）についての回帰式を使って，売上個数を予測する．エクセルに計算式を入力することにより，価格を決めたときの利益の予測値を求め，予測利益が最大となるような価格はいくらかを求める．

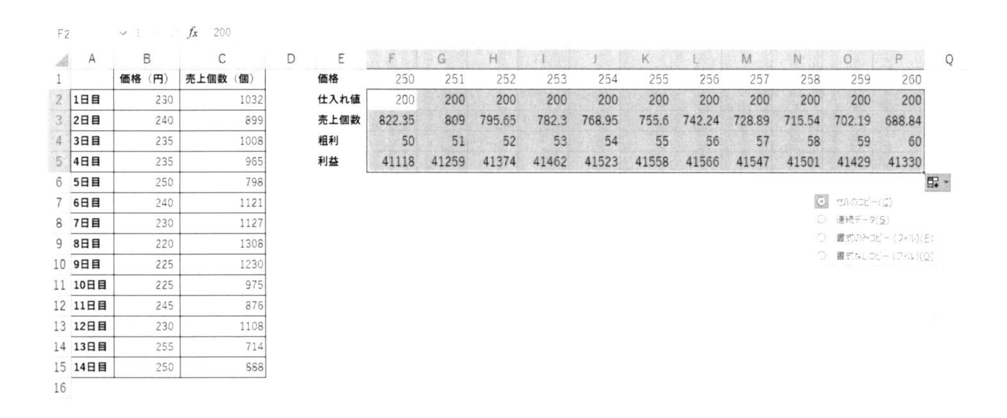

F2　fx 200

	A	B	C
1		価格（円）	売上個数（個）
2	1日目	230	1032
3	2日目	240	899
4	3日目	235	1008
5	4日目	235	965
6	5日目	250	798
7	6日目	240	1121
8	7日目	230	1127
9	8日目	220	1308
10	9日目	225	1230
11	10日目	225	975
12	11日目	245	876
13	12日目	230	1108
14	13日目	255	714
15	14日目	250	888
16			

E	F	G	H	I	J	K	L	M	N	O	P
価格	250	251	252	253	254	255	256	257	258	259	260
仕入れ値	200	200	200	200	200	200	200	200	200	200	200
売上個数	822.35	809	795.65	782.3	768.95	755.6	742.24	728.89	715.54	702.19	688.84
粗利	50	51	52	53	54	55	56	57	58	59	60
利益	41118	41259	41374	41462	41523	41558	41566	41547	41501	41429	41330

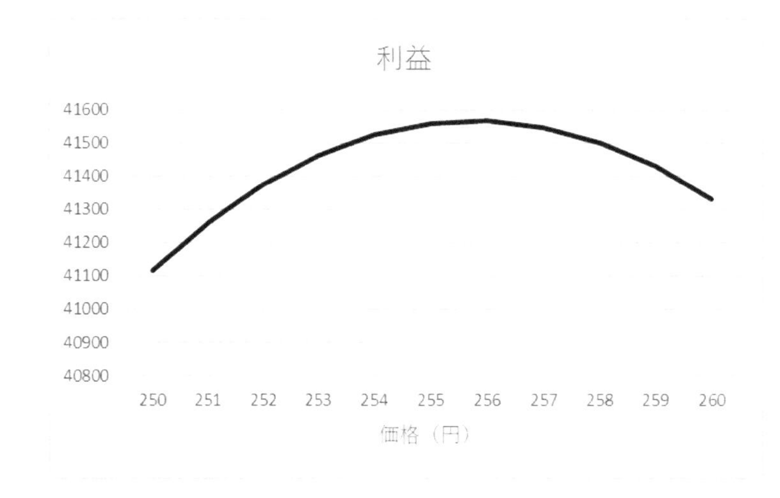

3. エクセルアドインの「ソルバー」を使い，予測利益が最大となるような価格を求める．

9.1 利益

前章の問題 8.3 では，価格が原因で，売上個数が結果という因果関係を想定し，回帰分析を行った．それにより，価格と売上個数についての回帰式：

$$y = -13.351x + 4160.1$$

を得ることができた（図 9.1）．この式はことばで書くと，

$$\text{売上個数} = -13.351 \times \text{価格} + 4160.1$$

ということであり，価格を決めると，売上個数を予測することができるものである．

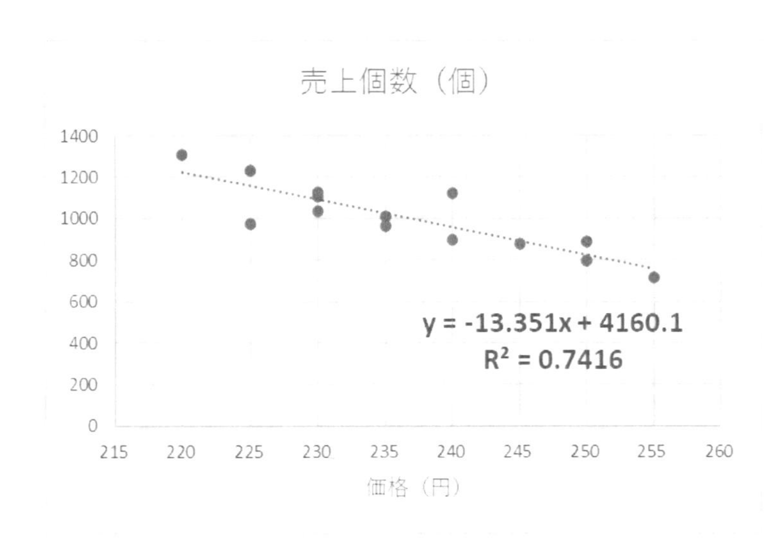

図 9.1　価格と売上個数の回帰式

この式より，価格を 1 円上げると売上個数は約-13.35 個増える，つまり，価格を 1 円下げると売上個数は約 13.35 個増えることが予測できる．価格を上げると売上個数は減り，価格を下げると売上個数は増える傾向があることがわかる．では，利益を最大にするには価格をいくらにすればいいのだろう．

価格を下げると，たしかに売上個数は増えると予測されるのだが，価格は下がってしまっているので，利益が大きくなるかどうかはわからない．つまり，価格を下げると売上個数が増えるからといって，「価格を下げれば下げるほど利益が大きくなる」とはいえない．一方，価格を上げると粗利（価格 − 仕入れ値）も増えるが，売上個数は減ると予測される．なので，価格を上げると粗利が増えるからといって，「価格を上げれば上げるほど利益が大きくなる」ともいえないのである．

まずは**利益**の求め方を確認しよう．以下では，利益は次の式で求められるとする．

利益 = 売上個数 × (価格 − 仕入れ値)

この中の（価格 − 仕入れ値）は**粗利**というので，

利益 = 売上個数 × 粗利

ということになる．この計算式と回帰式

売上個数 = −13.351 × 価格 + 4160.1

を使うと，価格を決めたときの利益を予測することができる．ここでは，仕入れ値を 200 円として，エクセルに計算式を入力することにより利益を計算してみよう．

補足
上記より，

利益 = (−13.351 × 価格 + 4160.1) × (価格 − 仕入れ値)

となる．仕入れ値を定数とすると，利益は価格の 2 次関数であり，グラフは上に凸であることがわかる．

例題 9.1　予測利益が最大となるような価格はいくらかを計算する

サポートページからダウンロードできる元データ「第 8 章　ファイル 1」を開き，第 8 章の「表 8.4　価格と売上個数（元データ「第 8 章　ファイル 1」）のデータについて，価格が原因で，売上個数が結果という因果関係を想定するとき，以下の問に答えよ．ただし，仕入れ値を 200 円とする．

例題 9.1.1
問題 8.3 で行った回帰分析により，価格と売上個数についての回帰式：
y = −13.351x + 4160.1　（売上個数 = −13.351 × 価格 + 4160.1）
を得ることができた．この回帰式によって価格 250 円のときの売上個数を予測し，予測利益を求めよ（F 列に求めよ）（予測利益は小数第 1 位が四捨五入された整数の値で求めよ）．

【解答】

元データ「第 8 章　ファイル 1」を開き，セル E1 に「価格」，E2 に「仕入れ値」，E3 に「売上個数」，E4 に「粗利」，E5 に「利益」と入力する．セル F1（価格）に「250」，セル F2（仕入れ値）に「200」を入力する．セル F3（売上個数）には

「−13.351 × [価格のセル] + 4160.1」，つまり，「=-13.351*F1+4160.1」

を入力する．セル F4（粗利）には

「[価格のセル] − [仕入れ値のセル]」，つまり，「=F1-F2」

を入力する．セル F5（利益）には

「[売上個数のセル] × [粗利のセル]」，つまり，「=F3*F4」

を入力する．すると，予測利益は約 41118 円と計算される．

例題 9.1.1 の解答

価格	250
仕入れ値	200
売上個数	822.35
粗利	50
利益	41118

例題 9.1.2

価格 251 円から 260 円についても，例題 9.1.1 と同様に，その価格にしたときの売上個数を予測し，それぞれの予測利益を求めよ（G 列から P 列に求めよ）（予測利益は小数第 1 位が四捨五入された整数の値で求めよ）．

【解答】

① 価格 250 のセル（F1）を P 列まで右にオートフィルし，「オートフィルのオプション」を「連続データ」にする．

② また，価格 250 についての仕入れ値，売上個数，粗利，利益のセル範囲（F2:F5）を P 列まで右にオートフィルし，「オートフィルのオプション」を「セルのコピー」にする．

すると，価格 251 円から 260 円について，その価格にしたときのそれぞれの予測利益を求めることができる（解答終わり）．

例題 9.1.2 の解答

①

	A	B	C	D	E	F	G	H	I	J	K	L	M	N	O	P	Q	R
1		価格（円）	売上個数（個）		価格	250	251	252	253	254	255	256	257	258	259	260		
2	1日目	230	1032		仕入れ値	200												
3	2日目	240	899		売上個数	822.35												
4	3日目	235	1008		粗利	50												
5	4日目	235	965		利益	41118												
6	5日目	250	798															
7	6日目	240	1121															

②

	A	B	C	D	E	F	G	H	I	J	K	L	M	N	O	P	Q	R
1		価格（円）	売上個数（個）		価格	250	251	252	253	254	255	256	257	258	259	260		
2	1日目	230	1032		仕入れ値	200	200	200	200	200	200	200	200	200	200	200		
3	2日目	240	899		売上個数	822.35	809	795.65	782.3	768.95	755.6	742.24	728.89	715.54	702.19	688.84		
4	3日目	235	1008		粗利	50	51	52	53	54	55	56	57	58	59	60		
5	4日目	235	965		利益	41118	41259	41374	41462	41523	41558	41566	41547	41501	41429	41330		
6	5日目	250	798															
7	6日目	240	1121															
8	7日目	230	1127															
9	8日目	220	1308															
10	9日目	225	1230															
11	10日目	225	975															

価格が上がるにつれ，粗利（価格 − 仕入れ値）も上がっていくが，売上個数の予測値は下がっていくことが確認できる．では，これらの積で求められる予測利益はどうなっていくのだろうか．次の問題で視覚的に確認しよう．

例題 9.1.3

予測利益の折れ線グラフ（価格を横軸にする）を作成せよ．

【解答】

利益の 1 行分（E5:P5）を選択して，挿入タブの［折れ線/面グラフの挿入］の「2-D 折れ線」の「折れ線」を選ぶ．

作成したグラフを選択した状態で，（グラフの）デザインタブの（データグループにある）［データの選択］をクリックし，「横（項目）軸ラベル」の「編集」をクリックする．「軸ラベルの範囲」として，価格の値の 1 行分（F1:P1）をドラッグして表示させる．すると，横軸が価格の値に変わるはずである（図 9.2）．

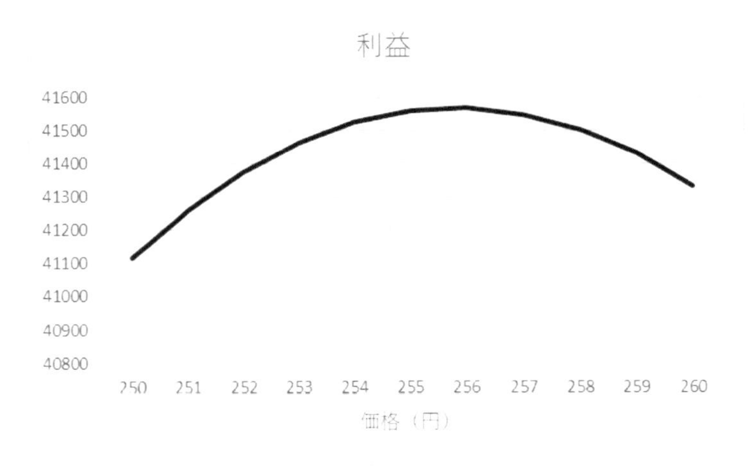

図 9.2　予測利益の折れ線グラフ

例題 9.1.4

予測利益が最大となるような価格はいくらかを求めよ．また，そのときの予測利益を求めよ（小数第 1 位が四捨五入された整数の値で求めよ）．

【解答】

例題 9.1.2 の結果より，予測利益が最大となるような価格は 256 円であり，そのときの予測利益は約 41566 円となることがわかる（価格が 256 円のとき予測利益が最大になっていることは，例題 9.1.3 の折れ線グラフからも確認できる）．

例題 9.1.4 の解答

価格	250	251	252	253	254	255	**256**	257	258	259	260
仕入れ値	200	200	200	200	200	200	200	200	200	200	200
売上個数	822.35	808.999	795.648	782.297	768.946	755.595	742.244	728.893	715.542	702.191	688.84
粗利	50	51	52	53	54	55	56	57	58	59	60
利益	41118	41259	41374	41462	41523	41558	**41566**	41547	41501	41429	41330

9.2 最適化

こんどは，この最大予測利益を求める計算を Excel アドインの「**ソルバー**」を使ってやってみよう．エクセルでは，データタブの（分析グループにある）［ソルバー］を使うと，最適化問題を解くことができるのである．

例題 9.2　予測利益が最大となるような価格をソルバーを使って求める

第 8 章の「表 8.4　価格と売上個数（元データ「第 8 章　ファイル 1」）」のデータについて，問題 8.3 で行った回帰分析により，価格と売上個数についての回帰式

y = −13.351x + 4160.1　（売上個数 = −13.351 × 価格 + 4160.1）

を得ることができた．この回帰式によって売上個数を予測し，以下の条件を満たす場合の予測利益が最大となるような価格はいくらかを Excel アドインの「ソルバー」を使って求めよ．サポートページからダウンロードできる元データ「第 8 章　ファイル 1」を開いて作業せよ（予測利益は小数第 1 位が四捨五入された整数の値で求めよ）．

- 仕入れ値は 200 円とする．
- 価格は整数値とし，計算するときは暫定的に仕入れ値と同じ価格とする．

【解答】

元データ「第 8 章　ファイル 1」を開く（作成した例題 9.1 のファイルは使わない）．

① セル E1 に「価格」，E2 に「仕入れ値」，E3 に「売上個数」，E4 に「粗利」，E5 に「利益」と入力する．セル F1（価格）に「200」，セル F2（仕入れ値）に「200」を入力する．セル F3（売上個数）には

「−13.351 × [価格のセル] + 4160.1」，つまり，「=-13.351*F1+4160.1」

を入力する．セル F4（粗利）には

「[価格のセル] − [仕入れ値のセル]」，つまり，「=F1-F2」

を入力する．セル F5（利益）には

「[売上個数のセル] × [粗利のセル]」，つまり，「=F3*F4」

を入力する．
② データタブの（分析グループにある）［ソルバー］を選択すると，「ソルバーのパラメーター」ダイアログボックスが出てくる
(［ソルバー］ボタンが見あたらないときは，ファイルタブの（「その他...」の）「オプション」から「アドイン」を選択する．下のほうにある「Excel アドイン」の右にある「設定...」をクリックし，「ソルバーアドイン」にチェックを入れる．また，チェックを入れても［ソルバー］ボタンが出てこない場合は，ファイルを閉じて，もう一度開く)．

まず，「**目的セルの設定**」には最大にしたり最小にしたりしたい目的のセルを入れる．ここでは最大にしたいのは利益なので，利益のセル F5 をクリックして指定する．

「**目標値**」は「目的セルの設定」に入れたセルの目標値は何なのかを選択する．ここでは，利益を最大にしたいので，「最大値」を選択する．

「**変数セルの変更**」には目的セルを目標値にするための原因となる変数を入れる．ここでは，価格を変えることにより利益を最大にしたいので，価格のセル F1 をクリックして指定する．

「**制約条件の対象**」には制約条件を入れる．ここでは，原因となる価格を整数のみで考えたいので，「価格のセル F1 は整数しかとらない」という制約条件を入れたい．「制約条件の対象」の右にある「追加」をクリックし，「セル参照」に F1 をクリックして指定し，真ん中を「int」として OK ボタンを押す．「int」は整数（integer）の意味である．
③ そして，「ソルバーのパラメーター」ダイアログボックスの「解決」を押すと，計算され，「ソルバーの結果」ダイアログボックスが出てくる．解が見つかった場合は，OK ボタンを押すと，最適化の結果の値が求められていることが確認できる．

これより，予測利益が最大となるような価格は「256（円）」であることがわかる（そのときの予測利益が「約 41566（円）」であることもわかる）（解答終わり，以下は説明）．

例題 9.2 の解答

この結果は例題 9.1 と同じものになっている．

このようにシミュレーションを行うことができたのは，利益を

$$利益 = 売上個数 \times (価格 - 仕入れ値) = (-13.351 \times 価格 + 4160.1) \times (価格 - 200)$$

というような価格の 2 次式であらわすことができ，価格を原因（x）とし，利益を結果（y）として計算したからである．原因と結果の関係を式であらわすと，シミュレーションを行うことができ，原因（x）の値を変化させたときに，結果（y）の値がどのように変化するのかを予測することができるのである．

9.3 演習問題

問題 9.1

回帰分析を行ったら，ある商品の販売価格と売上個数の回帰式は「売上個数＝-1.69× 販売価格＋ 369.08」となった．以下の条件を満たす場合の予測利益が最大となるように販売価格を決めるとき，最大となる予測利益はいくらか求めよ（小数第 1 位が四捨五入された整数の値で求めよ）．

・仕入れ値は 100 円とする．

・販売価格は整数値とし，計算するときは暫定的に仕入れ値と同じ価格とする．

問題 9.2

表 9.1 はある商品の販売価格と売上個数についてのデータである．このデータについて，価格が原因で，売上個数が結果という因果関係を想定するとき，下記の問に答えよ（サポートページからダウンロードできる元データ「第 9 章　ファイル 1」にデータ入力されている）．

表 9.1　価格と売上個数（元データ「第 9 章　ファイル 1」）

	価格（円）	売上個数（個）
1日目	90	122
2日目	100	111
3日目	105	108
4日目	110	87
5日目	100	120
6日目	90	127
7日目	80	143
8日目	85	128
9日目	95	126
10日目	105	100

問題 9.2.1

価格と売上個数について回帰分析を行い，残差の絶対値が最も大きくなるのは何日目か答えよ．また，その日の売上個数の実測値と予測値を求めよ．

問題 9.2.2

価格と売上個数についての回帰分析の結果，［価格が 75 円のときの売上個数の予測値］と［価格が 115 円のときの売上個数の予測値］を求めよ．

問題 9.2.3

価格と売上個数についての回帰分析における R-2 乗値を求めよ（小数第 4 位が四捨五入された小数第 3 位までの値で求めよ）．

問題 9.2.4

価格と売上個数についての回帰式より，価格を 1 円上げると売上個数はいくつ減るか予測せよ．

問題 9.2.5

価格と売上個数についての回帰分析の結果，以下の条件を満たすときの予測利益が最大になるような販売価格はいくらか求めよ．

・仕入れ値は 60 円とする．
・販売価格は整数値とし，計算するときは暫定的に仕入れ値と同じ価格とする．

問題 9.3

表 9.2 はある商品の販売価格と売上個数についてのデータである．このデータについて，価格が原因で，売上個数が結果という因果関係を想定するとき，下記の問に答えよ（サポートページからダウンロードできる元データ「第 9 章　ファイル 2」にデータ入力されている）．

問題 9.3.1

価格と売上個数についての回帰分析の結果，［1 日目の売上個数の予測値］と［2 日目の売上個数の予測値］を求めよ（小数第 2 位が四捨五入された小数第 1 位までの値で求めよ）．

問題 9.3.2

価格と売上個数についての回帰分析の結果，［価格が 1000 円のときの売上個数の予測値］を求めよ（小数第 2 位が四捨五入された小数第 1 位までの値で求めよ）．

表 9.2 価格と売上個数（元データ「第 9 章 ファイル 2」）

	価格（円）	売上個数（個）
1日目	980	120
2日目	1200	111
3日目	1200	118
4日目	1500	71
5日目	980	151
6日目	1000	122
7日目	1200	101
8日目	1300	84
9日目	1000	168
10日目	1300	103
11日目	1300	115
12日目	1500	89
13日目	780	177
14日目	980	148

問題 9.3.3

価格と売上個数についての回帰分析の結果，［価格が 1100 円のときの売上個数の予測値］を求めよ（小数第 2 位が四捨五入された小数第 1 位までの値で求めよ）.

問題 9.3.4

価格と売上個数についての回帰分析における R-2 乗値を求めよ（小数第 4 位が四捨五入された小数第 3 位までの値で求めよ）.

問題 9.3.5

価格と売上個数についての回帰式を求めよ（回帰式の傾きは小数第 4 位まで，切片は小数第 1 位までの値で求めよ）.

問題 9.3.6

問題 9.3.5 で求めた価格と売上個数についての回帰式より，価格を 100 円下げると売上個数はいくつ増えるか予測せよ.

問題 9.3.7

問題 9.3.5 で求めた価格と売上個数についての回帰式より，以下の条件を満たす場合の予測利益が最大となるように販売価格を決めるとき，最大となる予測利益はいくらか求めよ（予測利益は百の位を四捨五入して，千の位までの値で答えよ）.

・仕入れ値は 800 円とする.
・販売価格は整数値とし，計算するときは暫定的に仕入れ値と同じ価格とする.

第10章

移動平均と季節変動値

時系列データの変動は，季節のようなくり返しのある規則的なものもあるし，台風や地震などによる不規則なものもある．周期的な変動がみられるような時系列データを平滑化する方法として，移動平均がある．移動平均は一定の期間をずらしながら平均をとるという手法である．

本章では，Excel アドインのデータ分析ツールを用いて移動平均を求める演習を行う．また，もともとのデータ（原数値）が移動平均の何倍になるかという季節変動値とよばれるものを求める演習も行う．

第10章で学習すること

1. 季節変動とは何かを知る.
2. 移動平均とは何かを知る.
3. 時系列データについて，Excel アドインのデータ分析ツールの「移動平均」で移動平均を求める.

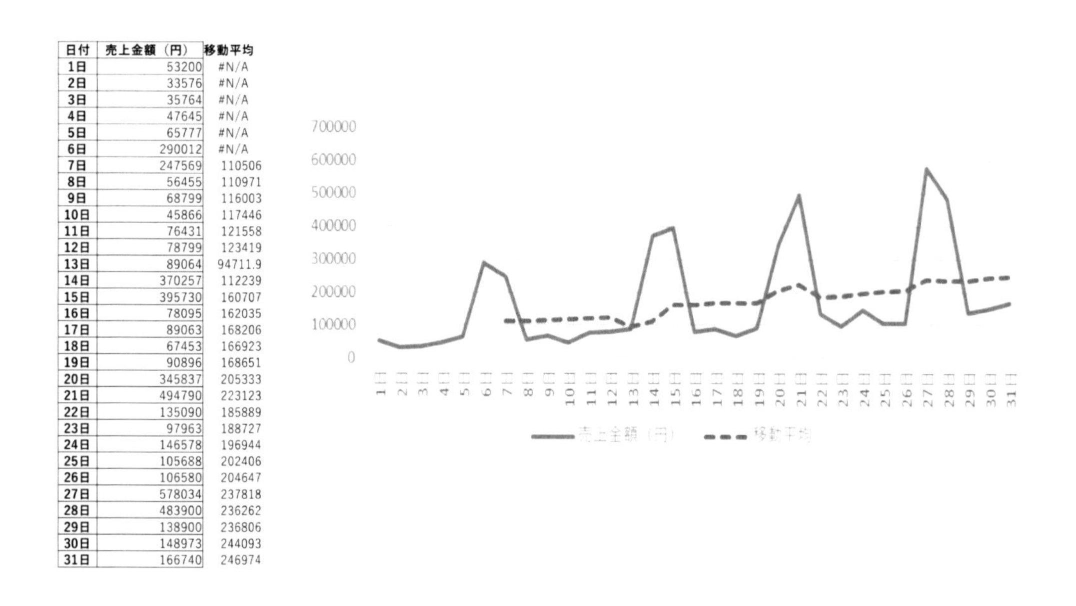

日付	売上金額（円）	移動平均
1日	53200	#N/A
2日	33576	#N/A
3日	35764	#N/A
4日	47645	#N/A
5日	65777	#N/A
6日	290012	#N/A
7日	247569	110506
8日	56455	110971
9日	68799	116003
10日	45866	117446
11日	76431	121558
12日	78799	123419
13日	89064	94711.9
14日	370257	112239
15日	395730	160707
16日	78095	162035
17日	89063	168206
18日	67453	166923
19日	90896	168651
20日	345837	205333
21日	494790	223123
22日	135090	185889
23日	97963	188727
24日	146578	196944
25日	105688	202406
26日	106580	204647
27日	578034	237818
28日	483900	236262
29日	138900	236806
30日	148973	244093
31日	166740	246974

4. 季節変動値とは何かを知る.

季節変動値 = 元のデータ（原数値）÷ 移動平均

5. 季節変動値を求める.

年	月	売上高合計（百万円）	移動平均	季節変動値
2019年	1月	48,659	59,688	0.81522932
	2月	48,635	59,849	0.81262505
	3月	70,139	60,037	1.16826939
	4月	57,638	60,080	0.95935686
	5月	59,385	60,290	0.98499466
	6月	51,477	60,477	0.85118544
	7月	56,168	60,540	0.92778456
	8月	77,601	60,558	1.2814362
	9月	58,084	60,793	0.9554324
	10月	60,326	60,254	1.00119079
	11月	62,958	60,166	1.0463977
	12月	67,346	59,868	1.12490813

10.1 変動要因

時系列データは1年を周期に決まった変動が見られることがある．このような季節のようなくり返しのある変動は**季節変動**とよばれる．また，曜日構成の違いによる変動やうるう年の影響による変動など，必ずしも1年周期ではない変動も季節変動に含まれる．季節変動を起こす要因は**季節要因**とよばれ，天候，気温などの自然要因や，暦，習慣，制度，社会風習などの要因も考えられる．季節変動は気温による変動とはいいかえることができず，クリスマス，夏休み，入学や卒業などのイベントによって起こるものもあることに注意しよう．

なお，時系列データから規則的な変動の要因（季節要因）による影響を取り除くことは**季節調整**とよばれる（季節調整は第11章で行う．第10章ではその準備として，移動平均と季節変動値の求め方を学習する）．

一方，地震や台風などによるような不規則な変動は**無作為変動**とよばれる．

- **規則的な変動の要因（季節変動を起こすもの，季節要因）**
  曜日，月，年など一定の周期でくり返される規則的な変動を起こす要因

- **不規則な変動の要因（無作為変動を起こすもの）**
  天候，自然災害や突発事故などの一時的で不規則な変動を起こす要因

例題 10.1　規則的な変動の要因の例と不規則な変動の要因の例を考える

規則的な変動の要因の例と不規則な変動の要因の例をそれぞれあげよ．

【解答】

- **規則的な変動の要因の例：**
  （サイクルでくり返されること）夏休み，入学式，卒業式，クリスマス，お正月，決算，ボーナス，梅雨，ゴールデンウィーク，お中元，お歳暮，週末，農産物の収穫期

- **不規則な変動の要因の例：**
  （一時的で不規則なこと）雨，台風，地震，駆け込み需要（消費税率更新前など），緊急事態宣言

10.2 移動平均

時系列データは曜日によって周期的な変動が見られることがある．次の例で，日にちとともに売上金額がどのように変化しているのかを調べてみよう．

例題 10.2　移動平均を求めて折れ線グラフを作成する

表10.1はある店舗でのある商品の日にち別の売上金額をまとめたものである．このデータについて次の問に答えよ（サポートページからダウンロードできる元データ「第10章　ファイル1」にデータ入力されている）．

表 10.1　日付と売上金額（元データ「第 10 章　ファイル 1」）

日付	売上金額（円）
1日	53200
2日	33576
3日	35764
4日	47645
5日	65777
6日	290012
7日	247569
8日	56455
9日	68799
10日	45866
11日	76431
12日	78799
13日	89064
14日	370257
15日	395730
16日	78095
17日	89063
18日	67453
19日	90896
20日	345837
21日	494790
22日	135090
23日	97963
24日	146578
25日	105688
26日	106580
27日	578034
28日	483900
29日	138900
30日	148973
31日	166740

例題 10.2.1

日付を横軸にして売上金額の折れ線グラフを作成せよ.

【解答】

日付と売上金額の 2 列分（A1:B32）を選択して，挿入タブの［折れ線/面グラフの挿入］の「2-D 折れ線」の「折れ線」を選ぶ（図 10.1）（解答終わり，以下は説明）.

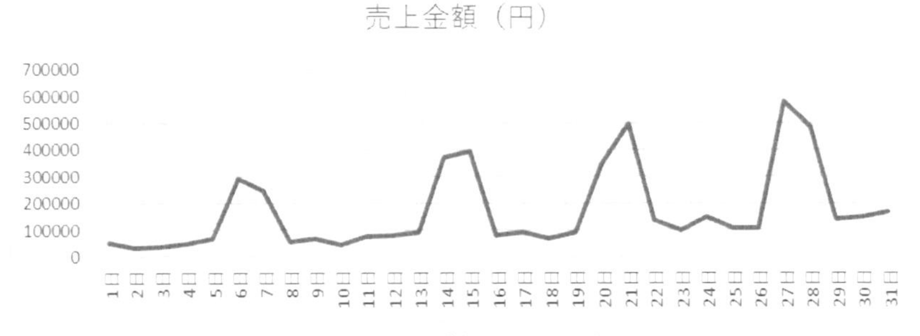

図 10.1　売上金額の折れ線グラフ

1 週間（7 日）周期で変動していることがグラフから読み取れる．また，長期的に見るとゆるやかな増加の傾向があることはわかるが，変動の幅が大きくほんとうに増加傾向にあるのかどうかわかりづらい.

そこで，**移動平均**という，一定の期間をずらしながら平均をとるという方法を使い，凹凸を小さくすることを試みる．期間を**移動**させながら**平均**をとるので「**移動平均**」である．移動平均を用いることでデータの変動をなめらかにすることができる．ここでは，7日間分のデータの平均をずらしながらとる（区間を「7」にする）と，この期間（7日間）には週に2日だけ出てくる極端に大きなデータをいつでも含むことになる．よって，この期間（7日間）のデータを平均することにより凹凸が小さくなることが予想される．区間は，0に近ければ近いほど精度が高くていいということではなく，あつかうデータの周期に合わせて区間を設定する必要がある．たとえば，月ごとのデータでは12か月分のデータの平均をずらしながらとる（区間を「12」にする）と，一定の月に起こる極端なデータの影響をなくすことができる．

AVERAGE関数を使って平均をとっていっても移動平均は求められるが，分析ツールを使っても簡単に移動平均を求めることができる．どちらの方法で求めても，結果が同じになることを確かめてみよう．

例題 10.2.2

セルD1に「移動平均」と入力し，その下に，売上金額についての移動平均をAVERAGEを用いて区間「7」で求めよ．

【解答】

セルD1に「移動平均」と入力し，1日から7日の売上金額の平均値を，セルD8にAVERAGE関数を使って求める（セルD8には「=AVERAGE(B2:B8)」と入力される）．

セルD8をセルD32までオートフィルする．

例題 10.2.3

セルC1にも「移動平均」と入力し，その下に，売上金額についての移動平均をExcelアドインのデータ分析ツールを用いて区間「7」で求めよ．その結果，セルC8に入力されている式を確認し，7日の移動平均値がどのように計算されているのか確かめよ．

【解答】

データタブの（分析グループにある）［データ分析］を選択して，分析ツールの「移動平均」を選ぶ．「入力範囲」は売上金額のデータ（B2:B32）とする．「先頭行をラベルとして使用」にはチェックをしない（「入力範囲」をB1:B32とし，項目名（セルB1「売上金額（円）」）を「入力範囲」に含めた場合は，「先頭行をラベルとして使用」にチェックをする）．「区間」は「7」とし，「出力先」は最初の売上金額データのとなり（C2）にする．

セルC8を選択してみると，「=AVERAGE(B2:B8)」と入力されていることがわかる．つまり，7日の移動平均値は「1日から7日の売上金額の平均値」が計算されていることが確認できる（解答終わり，以下は説明）．

例題 10.2.3 の解答

移動平均　?　×

入力元
入力範囲(I):　$B$2:$B$32
□先頭行をラベルとして使用(L)
区間(N):　7
出力オプション
出力先(O):　$C$2
新規ワークシート(P):
新規ブック(W)
□グラフ作成(C)　□標準誤差の表示(S)

OK
キャンセル
ヘルプ(H)

これで，AVERAGE 関数を使って平均をとっていっても，分析ツールを使っても，求められた移動平均は同じになることが確かめられた（表 10.2）．なお，6 日以前の移動平均は，その日以前に 7 日分の売上金額データがないので「#N/A」というエラー表示になっている．これは参照元にデータがないときに表示されるエラーである．

例題 10.2.4

売上金額の折れ線グラフとその移動平均の折れ線グラフを，同一グラフエリアにそれぞれ作成し，比較せよ（日付を横軸にする）．

【解答】

日付，売上金額，および，移動平均の 3 列分（A1:C32）を選択して，折れ線グラフを挿入する（図 10.2）（解答終わり，以下は説明）．

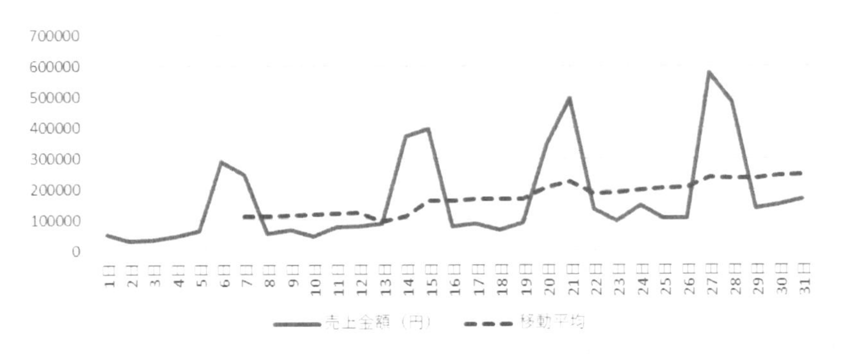

図 10.2　売上金額とその移動平均の折れ線グラフ

表 10.2　売上金額の移動平均

AE39

	A	B	C	D	E	F	G
1	日付	売上金額（円）	移動平均	移動平均			
2	1日	53200	#N/A				
3	2日	33576	#N/A				
4	3日	35764	#N/A				
5	4日	47645	#N/A				
6	5日	65777	#N/A				
7	6日	290012	#N/A				
8	7日	247569	110506	110506			
9	8日	56455	110971	110971			
10	9日	68799	116003	116003			
11	10日	45866	117446	117446			
12	11日	76431	121558	121558			
13	12日	78799	123419	123419			
14	13日	89064	94711.9	94711.9			
15	14日	370257	112239	112239			
16	15日	395730	160707	160707			
17	16日	78095	162035	162035			
18	17日	89063	168206	168206			
19	18日	67453	166923	166923			
20	19日	90896	168651	168651			
21	20日	345837	205333	205333			
22	21日	494790	223123	223123			
23	22日	135090	185889	185889			
24	23日	97963	188727	188727			
25	24日	146578	196944	196944			
26	25日	105688	202406	202406			
27	26日	106580	204647	204647			
28	27日	578034	237818	237818			
29	28日	483900	236262	236262			
30	29日	138900	236806	236806			
31	30日	148973	244093	244093			
32	31日	166740	246974	246974			
33							

移動平均の折れ線グラフを見ると，凸凹が取れ，なめらかにゆるく右上がりになっていることがわかる．移動平均をとることによって局所的な変動の影響を除外できたのである．このように，ある時点では値が減少していても，移動平均をとると上昇傾向となっていることが確認できることがある．他方，ある時点では値が増加していても，移動平均をとると下降傾向となっていることが確認できることもある．短期的には上がったり下がったりしているデータでも，長期的に見ると伸びている場合もあるし，下がっている場合もあるのである．

一般に，売り上げなどを計測する場合，数値だけを追っても意味がないことがある．曜日または季節などで変動するデータについて，長期的に見ても上昇傾向にあるのか，それとも単に規則的な変動による短期的な上昇なのかを知ることは重要である．移動平均は，変動のある時系列データから変動要因の影響を除いた傾向をつかむために有効なのである．これにより，近い将来の予測をたてることができるので，気象情報や金融の世界でもよく活用されている．株取引でも「n 日移動平均」が使われている．

なお，移動平均は変動要因の影響を除外するためのものであり，外れ値の影響を除くためのものではない．また，さいころの目やコインの表裏の出方など，偶然に起こることを予測できるものではないことにも注意しよう．

10.3　季節変動値

移動平均の折れ線グラフはなめらかになるが，（第 11 章で作成する）季節調整後の折れ線グラフではもっと細かい動きが確認できる．季節調整を行うと，たとえば，「実際の値は落ち込んでいても，この月にしては伸びている」，または，「実際の値は伸びているが，この月にしては落ち込んでいる」などという細かいことも知ることができる．季節要因に影響されないデータの動きを確認することができ，前月などとの比較がしやすくなるのである．

季節調整の準備として，以下では，**季節変動値**とよばれるものを求める方法を学習する．季節変動値とは，季節要因がデータにどれくらい影響を与えているのかをあらわしていて，もともとのデータ（**原数値**）が移動平均の何倍になるかというものである．つまり，

季節変動値 = 元のデータ(原数値) ÷ 移動平均

で求められる．移動平均を基準として考え，季節変動値が 1 より大きいということは「元のデータは基準よりも大きい」ということであり，季節変動値が 1 より小さいということは「元のデータは基準よりも小さい」ということである．

ここでは，遊園地・テーマパークの売上高合計データの季節変動値を求めてみよう．

例題 10.3　季節変動値を求める

表 10.3 は遊園地・テーマパークの年月別の売上高合計（単位：百万円）をまとめたものである．このデータについて，次の問に答えよ（サポートページからダウンロードできる元データ「第 10 章　ファイル 2」にデータ入力されている）（経済産業省の特定サービス産業動態統計調査の長期データのページ
「https://www.meti.go.jp/statistics/tyo/tokusabido/result/ result_1.html」
の中の「13. 遊園地・テーマパーク」のエクセルファイル，「月・実数」シートより）．

例題 10.3.1

月を横軸にして売上高合計の折れ線グラフを作成せよ．

表 10.3 遊園地・テーマパークの年月別の売上高合計（元データ「第 10 章 ファイル 2」）

年	月	売上高合計（百万円）
2015年	1月	40,299
	2月	44,922
	3月	66,810
	4月	47,182
	5月	52,166
	6月	42,098
	7月	51,076
	8月	73,821
	9月	58,227
	10月	61,823
	11月	54,929
	12月	62,681
2016年	1月	41,539
	2月	43,591
	3月	64,548
	4月	49,627
	5月	51,916
	6月	42,130
	7月	54,402
	8月	76,055
	9月	53,083
	10月	59,548
	11月	55,924
	12月	65,831
2017年	1月	45,442
	2月	44,642
	3月	66,411
	4月	50,780
	5月	56,047
	6月	44,969
	7月	56,154
	8月	81,322
	9月	54,538
	10月	56,890
	11月	60,028
	12月	66,067
2018年	1月	43,806
	2月	46,694
	3月	67,890
	4月	57,120
	5月	56,867
	6月	49,231
	7月	55,411
	8月	77,386
	9月	55,257
	10月	66,796
	11月	64,012
	12月	70,927
2019年	1月	48,659
	2月	48,635
	3月	70,139
	4月	57,638
	5月	59,385
	6月	51,477
	7月	56,168
	8月	77,601
	9月	58,084
	10月	60,326
	11月	62,958
	12月	67,346
2020年	1月	48,383
	2月	40,133
	3月	1,749
	4月	631
	5月	739
	6月	3,023
	7月	18,907
	8月	24,988
	9月	24,247
	10月	32,060
	11月	35,717
	12月	33,246

【解答】

月と売上高合計の 2 列分（B14:C86）を選択して，挿入タブの［折れ線/面グラフの挿入］の「2-D 折れ線」の「折れ線」を選ぶ（図 10.3）（解答終わり，以下は説明）．

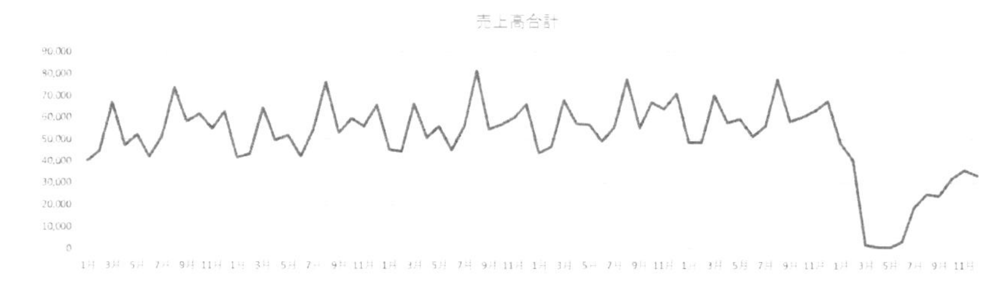

図 10.3 遊園地・テーマパークの年月別の売上高合計の折れ線グラフ

売上高合計の折れ線グラフを見ると，1 年周期で変動している，つまり，季節変動していることがわかる．ただし，最後の 2020 年は売上高合計が落ち込んでいることが確認できる（新型コロナウイルス流行の影響があることが推察される）．

次に，D 列に売上高合計の移動平均を求めよう．

例題 10.3.2

D 列に，売上高合計についての移動平均を Excel アドインのデータ分析ツールを用いて区間「12」で求めよ．そして，2019 年 12 月の移動平均値（単位：百万円）を答えよ．

【解答】

データタブの（分析グループにある）［データ分析］を選択して，分析ツールの「移動平均」を選ぶ．「入力範囲」は売上高合計のデータ（C15:C86），「区間」は「12」，「出力先」は最初の売上高合計データのとなり（D15）にする．

2019 年 12 月の移動平均値は 59868（百万円）であることがわかる．

例題 10.3.3

月を横軸とし，売上高合計（原数値）の折れ線グラフとその移動平均の折れ線グラフを，同一グラフエリアにそれぞれ作成せよ．

【解答】

月と売上高合計と移動平均の 3 列分（B14:D86）を選択して，挿入タブの［折れ線/面グラフの挿入］の「2-D 折れ線」の「折れ線」を選ぶ（図 10.4）．

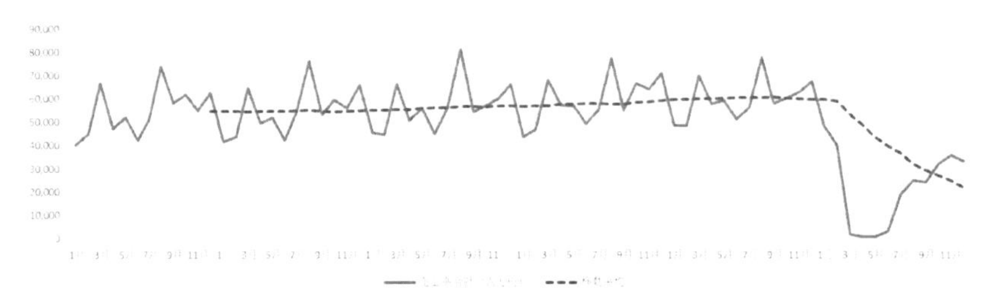

図 10.4　遊園地・テーマパークの年月別の売上高合計とその移動平均の折れ線グラフ

例題 10.3.4

E 列に，売上高合計についての季節変動値を求めよ．そして，2019 年 12 月の季節変動値を，小数第 4 位を四捨五入して小数第 3 位までの値で答えよ．

【解答】

季節変動値は「売上高合計（原数値）÷ 移動平均」で求められる．セル E26 に「=C26/D26」と計算式を入れ，下にオートフィルする（表 10.4 は 2019 年分のみ抜粋）．

2019 年 12 月の季節変動値は約 1.125 であることがわかる（解答終わり）．

表 10.4　売上高合計についての季節変動値（2019 年分のみ抜粋）

年	月	売上高合計（百万円）	移動平均	季節変動値
2019年	1月	48,659	59,688	0.81522932
	2月	48,635	59,849	0.81262505
	3月	70,139	60,037	1.16826939
	4月	57,638	60,080	0.95935686
	5月	59,385	60,290	0.98499466
	6月	51,477	60,477	0.85118544
	7月	56,168	60,540	0.92778456
	8月	77,601	60,558	1.2814362
	9月	58,084	60,793	0.9554324
	10月	60,326	60,254	1.00119079
	11月	62,958	60,166	1.0463977
	12月	67,346	59,868	1.12490813

次は，例題 10.3 で求めた季節変動値を，月ごとのトリム平均を求めやすいように表にまとめよう（トリム平均は第 11 章で求める）．

例題 10.4　季節変動値を表にまとめる

例題 10.3 の「表 10.3　遊園地・テーマパークの年月別の売上高合計（元データ「第 10 章ファイル 2」）」について，次の作業を行え．

例題 10.4.1

作成した例題 10.3 のファイルを開き，例題 10.3.4 で E 列に求めた「売上高合計についての季節変動値」をコピーし，同じ場所に値として貼り付けよ．

【解答】

作成した例題 10.3 のファイルを開き，E 列の季節変動値（E26:E86）を選択する．右クリックをし，「コピー」を選択する．そのまま同じ場所で右クリックし，「貼り付けのオプション」から「値」を選ぶ．

例題 10.4.2

年ごとに，例題 10.4.1 で貼り付けた値をコピーし，セル範囲 J5:U9 へ行と列を入れ替えて貼り付けよ．

【解答】

E 列の季節変動値のデータの 2016 年の分（E27:E38）を選択し，右クリックし，「コピー」を選択する．そして，セル J5 を右クリックし，「貼り付けのオプション」から「行／列の入れ替え」を選ぶ．

同様のことを 2020 年の分までくり返す．

例題 10.4.2 の解答

					季節変動値								
	1月	2月	3月	4月	5月	6月	7月	8月	9月	10月	11月	12月	
2016年	0.75839	0.79747	1.18494	0.90764	0.94986	0.77078	0.99028	1.37975	0.97055	1.09254	1.02449	1.20021	
2017年	0.8236	0.80782	1.19837	0.91473	1.00339	0.80167	0.99846	1.43477	0.96016	1.00549	1.05458	1.16027	
2018年	0.77117	0.81955	1.18899	0.9912	0.98564	0.84807	0.95555	1.34209	0.95732	1.14091	1.0872	1.19641	
2019年	0.81523	0.81263	1.16827	0.95936	0.98499	0.85119	0.92778	1.28144	0.95543	1.00119	1.0464	1.12491	
2020年	0.80847	0.67865	0.03273	0.01296	0.01687	0.07603	0.51579	0.77429	0.82326	1.18316	1.43864	1.5122	合計値
トリム平均													
補正トリム平均													
補正値													

10.4　演習問題

問題 10.1

下記のデータ（表 10.5）についてエクセルアドインのデータ分析ツールを用いて区間「12」で移動平均を求め，各月の季節変動値を計算したとき，2020 年 5 月の値を求めよ（小数第 4 位が四捨五入された小数第 3 位までの値で求めよ）（サポートページからダウンロードできる元データ「第 10 章 ファイル 3」にデータ入力されている）．

問題 10.2

表 10.6 はゴルフ場の年月別の売上高合計（単位：百万円）をまとめたものである．このデータについて，次の問に答えよ（サポートページからダウンロードできる元データ「第 10 章 ファイル 4」にデータ入力されている）（経済産業省の特定サービス産業動態統計調査の長期データのページ

「https://www.meti.go.jp/statistics/tyo/tokusabido/result/ result_1.html」の中の「10. ゴルフ場」のエクセルファイル，「月・実数」シートより）．

表 10.5 学習塾の売上高合計（元データ「第 10 章 ファイル 3」）

学習塾の売上高合計（百万円）		
2019年	1月	44,398
	2月	29,852
	3月	35,114
	4月	32,268
	5月	27,273
	6月	29,601
	7月	41,558
	8月	50,033
	9月	37,658
	10月	34,103
	11月	35,248
	12月	51,660
2020年	1月	45,442
	2月	30,474
	3月	34,218
	4月	27,852
	5月	21,588
	6月	27,534
	7月	42,743
	8月	55,122
	9月	41,649
	10月	43,366
	11月	42,573
	12月	57,733

問題 10.2.1

月を横軸にして売上高合計の折れ線グラフを作成せよ．

問題 10.2.2

D 列に，売上高合計についての移動平均を Excel アドインのデータ分析ツールを用いて区間「12」で求めよ．そして，2016 年 2 月の移動平均値（単位：百万円）を答えよ（小数第 1 位を四捨五入して，整数の値で答えよ）．

問題 10.2.3

月を横軸とし，売上高合計（原数値）の折れ線グラフとその移動平均の折れ線グラフを，同一グラフエリアにそれぞれ作成せよ．

問題 10.2.4

E 列に，売上高合計についての季節変動値を求めよ．そして，2016 年 2 月の季節変動値を，小数第 4 位を四捨五入して小数第 3 位までの値で答えよ．

表 10.6　ゴルフ場の年月別の売上高合計（元データ「第 10 章　ファイル 4」）

年	月	売上高合計（百万円）
2015年	1月	4,261
	2月	3,852
	3月	6,152
	4月	7,812
	5月	10,790
	6月	9,385
	7月	8,930
	8月	8,334
	9月	9,328
	10月	10,317
	11月	8,944
	12月	6,903
2016年	1月	4,091
	2月	3,954
	3月	6,310
	4月	7,671
	5月	10,288
	6月	8,973
	7月	9,453
	8月	7,827
	9月	9,023
	10月	10,110
	11月	8,223
	12月	6,670
2017年	1月	4,245
	2月	3,582
	3月	6,150
	4月	7,915
	5月	10,153
	6月	9,335
	7月	9,540
	8月	8,026
	9月	9,249
	10月	8,812
	11月	8,606
	12月	6,548
2018年	1月	4,139
	2月	3,562
	3月	6,205
	4月	7,972
	5月	9,793
	6月	9,389
	7月	8,004
	8月	7,565
	9月	7,860
	10月	9,316
	11月	8,462
	12月	6,565
2019年	1月	4,738
	2月	3,879
	3月	6,492
	4月	7,682
	5月	9,804
	6月	9,314
	7月	8,382
	8月	7,794
	9月	9,267
	10月	9,125
	11月	8,713
	12月	6,567
2020年	1月	4,749
	2月	4,596
	3月	5,586
	4月	4,099
	5月	5,528
	6月	6,329
	7月	7,271
	8月	8,403
	9月	8,473
	10月	9,102
	11月	8,775
	12月	6,981

問題 10.3

問題 10.2 の「表 10.6　ゴルフ場の年月別の売上高合計（元データ「第 10 章　ファイル 4」）」について，次の作業を行え．

問題 10.3.1

作成した問題 10.2 のファイルを開き，問題 10.2.4 で E 列に求めた「売上高合計についての季節変動値」をコピーし，同じ場所に値として貼り付けよ．

問題 10.3.2

年ごとに，問題 10.3.1 で貼り付けた値をコピーし，セル範囲 J5:U9 へ行と列を入れ替えて貼り付けよ．

問題 10.4

表 10.7 のような各支店についての月ごとの売上金額（単位：円）のデータについて次の問いに答えよ（サポートページからダウンロードできる元データ「第 10 章　ファイル 5」にデータ入力されている）.

表 10.7　各支店についての月ごとの売上金額（元データ「第 10 章　ファイル 5」）

	1月	2月	3月	4月	5月	6月	7月	8月	9月	10月	11月	12月
A店	1959390	1926180	1553490	1889280	1472310	738000	1512900	1771200	1837620	1852380	918810	1771200
B店	1114380	1184490	1036890	1066410	1143900	1033200	1143900	1118070	1173420	1221390	1287810	1228770
C店	594090	520290	450180	671580	741690	675270	675270	690030	752760	553500	675270	708480
D店	1516590	1590390	1863450	1468620	1778580	1619910	1638360	1284120	1553490	1697400	1394820	1398510
E店	409590	453870	608850	682650	896670	988920	988920	1214010	690030	1483380	1767510	1767510

問題 10.4.1

各月の平均値を求めたとき，9 月の値を答えよ（百の位を四捨五入して，千の位までの値で答えよ）.

問題 10.4.2

各月の中央値を求めたとき，9 月の値を答えよ（百の位を四捨五入して，千の位までの値で答えよ）.

問題 10.4.3

各月の最大値と最小値を取り除いてトリム平均を求めたとき，9 月の値を答えよ（百の位を四捨五入して，千の位までの値で答えよ）.

問題 10.4.4

各月のレンジを求めたとき，9 月の値を答えよ（百の位を四捨五入して，千の位までの値で答えよ）.

問題 10.4.5

各月の標準偏差を求めたとき，9 月の値を答えよ（百の位を四捨五入して，千の位までの値で答えよ）.

問題 10.4.6

支店ごとに標準化したときに，最も大きい標準化後の値と最も小さい標準化後の値はそれぞれ何で，どの支店の何月の売上金額を標準化したものかをそれぞれ答えよ（小数第 4 位が四捨五入された小数第 3 位までの値で求めよ）.

第11章

季節調整

季節調整を行うと，時系列データから季節要因による変動を取り除くことができる．これによって，前月などとの比較がしやすくなり，季節要因によらないデータの動きを確認することができる．たとえば，毎年決まって売上高が落ち込む傾向にある月についてでも，ある年では売上高そのものは落ち込んでいても，季節調整値は盛り上がるということがある．

本章では，前章で求めた季節変動値から月ごとの季節指数を求め，季節調整をする演習を行う．

第 11 章で学習すること

1. 季節調整とは何かを知る.
2. まとめられている季節変動値について，最大値と最小値を取り除いた月ごとのトリム平均を求める.
3. 各月のトリム平均の合計値が 12 になるように，トリム平均を補正する.

季節変動値

	1月	2月	3月	4月	5月	6月	7月	8月	9月	10月	11月	12月	
2016年	0.75839	0.79747	1.18494	0.90764	0.94986	0.77078	0.99028	1.37975	0.97055	1.09254	1.02449	1.20021	
2017年	0.8236	0.80782	1.19837	0.91473	1.00339	0.80167	0.99846	1.43477	0.96016	1.00549	1.05458	1.16027	
2018年	0.77117	0.81955	1.18899	0.9912	0.98564	0.84807	0.95555	1.34209	0.95732	1.14091	1.0872	1.19641	
2019年	0.81523	0.81263	1.16827	0.95936	0.98499	0.85119	0.92778	1.28144	0.95543	1.00119	1.0464	1.12491	
2020年	0.80847	0.67865	0.03273	0.01296	0.01687	0.07603	0.51579	0.77429	0.82326	1.18316	1.43864	1.5122	合計値
トリム平均	0.79829	0.80597	1.18074	0.92724	0.9735	0.80684	0.95787	1.33443	0.95764	1.07965	1.06272	1.18563	12.0705
補正トリム平均	**0.79363**	**0.80126**	**1.17384**	**0.92182**	**0.96781**	**0.80212**	**0.95227**	**1.32663**	**0.95204**	**1.07334**	**1.05652**	**1.17871**	12
補正値	0.99416												

4. 季節指数とは何かを知る.

補正トリム平均 = 季節指数

季節指数

1月	2月	3月	4月	5月	6月	7月	8月	9月	10月	11月	12月
0.79363	**0.80126**	**1.17384**	**0.92182**	**0.96781**	**0.80212**	**0.95227**	**1.32663**	**0.95204**	**1.07334**	**1.05652**	**1.17871**

5. 季節調整済データ（季節調整値）とは何かを知る.

季節調整済みデータ（季節調整値）= 元のデータ（原数値）÷ 季節指数

6. 季節調整済データ（季節調整値）を求める.

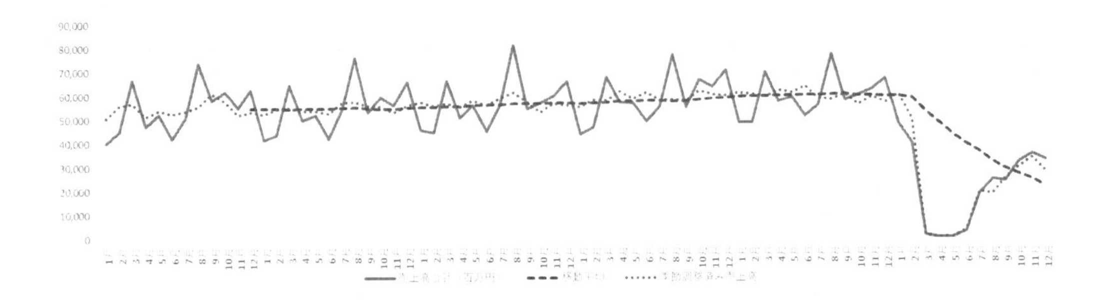

11.1　季節調整

時系列データから規則的な変動の要因（季節要因）による影響を取り除くことを**季節調整**という．季節調整を行うことにより季節変動が除かれる，つまり，自然要因や社会風習などによる周期的な変動が除かれるということになる．これにより，季節要因に影響されないデータの動きを確認することができ，現状の値を評価しやすくなる．

ここでは，（季節変動値を表にまとめた）例題 10.4 のファイルを開き，遊園地・テーマパークの売上高合計データを季節調整してみよう．

まずは，各月において，季節変動値の平均的な値（最大値と最小値を取り除いたトリム平均）を求めよう．

例題 11.1　季節調整を行う

第 10 章で作成した例題 10.4 のファイルを開き，「表 10.3　遊園地・テーマパークの年月別の売上高合計（元データ「第 10 章　ファイル 2」）」について下記の問に答えよ（サポートページからダウンロードできる元データ「第 11 章　ファイル 1」が例題 10.4 の完成例なので，それを用いてもいい）．

例題 11.1.1

例題 10.3 で求めた季節変動値がセル J5 から U9 に表でまとめられている（表 11.1）．まとめられている季節変動値について，最大値と最小値を取り除いた月ごとのトリム平均を，10 行目（J10:U10）にそれぞれ関数で求めよ．

表 11.1　季節変動値（元データ「第 11 章　ファイル 1」）

	季節変動値												
	1月	2月	3月	4月	5月	6月	7月	8月	9月	10月	11月	12月	
2016年	0.75839	0.79747	1.18494	0.90764	0.94986	0.77078	0.99028	1.37975	0.97055	1.09254	1.02449	1.20021	
2017年	0.8236	0.80782	1.19837	0.91473	1.00339	0.80167	0.99846	1.43477	0.96016	1.00549	1.05458	1.16027	
2018年	0.77117	0.81955	1.18899	0.9912	0.98564	0.84807	0.95555	1.34209	0.95732	1.14091	1.0872	1.19641	
2019年	0.81523	0.81263	1.16827	0.95936	0.98499	0.85119	0.92778	1.28144	0.95543	1.00119	1.0464	1.12491	
2020年	0.80847	0.67865	0.03273	0.01296	0.01687	0.07603	0.51579	0.77429	0.82326	1.18316	1.43864	1.5122	合計値
トリム平均													
補正トリム平均													
補正値													

【解答】

月ごとのトリム平均は TRIMMEAN 関数で求める．ここで，TRIMMEAN 関数の「配列」にはトリム平均をとるデータ全部を指定して，「割合」には取り除く両端のデータの個数がデータ全部の個数に占める割合を入力する．この問題の場合，取り除くのは最大値と最小値（両端の 2 つのデータ）であり，それがデータ全部の個数 5 に占める割合は「2/5」である．つまり，セル J10 を「=TRIMMEAN(J5:J9,2/5)」で求め，これを右にオートフィルすればいい.

例題 11.1.2

例題 11.1.1 で求めた月ごとのトリム平均の合計をセル V10 に関数で求めよ.

【解答】

合計は SUM 関数で，つまり，「=SUM(J10:U10)」で求める．約 12.0705 が計算される（解答終わり，以下説明).

このように，月ごとのトリム平均の合計は約 12.0705 になることがわかったが，季節調整ではトリム平均の合計値を移動平均の区間と同じ値になるように補正する必要がある．よって，ここでは，その合計値が 12 になるようにトリム平均を補正しなければならないということである.

補正されたトリム平均のことを**補正トリム平均**とよぶ.

例題 11.1.3

合計値が 12 になるように各月のトリム平均を補正したものを 11 行目（J11:U11）にそれぞれ求めよ．求めたものの合計をセル V11 に関数で求め，12 になることを確認せよ.

【解答】

まず，補正値（セル J12）を「12÷［トリム平均の合計値］(=12/V10)」とする．そして，各月の補正トリム平均（11 行目）を「トリム平均 × 補正値」で求める．セル J11 には「=J10*$J$12」(または「=J10*$J12」) と入力する．そうすると，「$」をつけた（行番号 12 と）列番号 J を固定してオートフィルすることができる.

それらの合計値を SUM 関数でセル V11 に求めると 12 になるはずである（表 11.2)（解答終わり，以下は説明).

表 11.2　補正トリム平均

	季節変動値												
	1月	2月	3月	4月	5月	6月	7月	8月	9月	10月	11月	12月	
2016年	0.75839	0.79747	1.18494	0.90764	0.94986	0.77078	0.99028	1.37975	0.97055	1.09254	1.02449	1.20021	
2017年	0.8236	0.80782	1.19837	0.91473	1.00339	0.80167	0.99846	1.43477	0.96016	1.00549	1.05458	1.16027	
2018年	0.77117	0.81955	1.18899	0.9912	0.98564	0.84807	0.95555	1.34209	0.95732	1.14091	1.0872	1.19641	
2019年	0.81523	0.81263	1.16827	0.95936	0.98499	0.85119	0.92778	1.28144	0.95543	1.00119	1.0464	1.12491	
2020年	0.80847	0.67865	0.03273	0.01296	0.01687	0.07603	0.51579	0.77429	0.82326	1.18316	1.43864	1.5122	合計値
トリム平均	0.79829	0.80597	1.18074	0.92724	0.9735	0.80684	0.95787	1.33443	0.95764	1.07965	1.06272	1.18563	12.0705
補正トリム平均	**0.79363**	**0.80126**	**1.17384**	**0.92182**	**0.96781**	**0.80212**	**0.95227**	**1.32663**	**0.95204**	**1.07334**	**1.05652**	**1.17871**	12
補正値	0.99416												

このようにして求めた補正トリム平均を**季節指数**とよぶ.

補正トリム平均 = 季節指数

補足

上記のようにして求めた補正トリム平均の合計が 12 になる理由は下記である．
補正値（セル J12）は「12÷［トリム平均の合計値］」としている．よって，

（セル J11 に計算した）1 月のトリム平均× 補正値
＝ 1 月のトリム平均× 12÷ ［トリム平均の合計値］

などとなる．これらの合計（つまり，各月についての「トリム平均×補正値」の合計）をとると，

「1 月のトリム平均 ×12÷［トリム平均の合計値］」
＋「2 月のトリム平均 ×12÷［トリム平均の合計値］」
＋ . . . ＋「12 月のトリム平均 ×12÷［トリム平均の合計値］」
＝（1 月のトリム平均＋ 2 月のトリム平均＋ . . . ＋ 12 月のトリム平均）×12÷［トリム平均の合計値］
＝［トリム平均の合計値］×12÷［トリム平均の合計値］＝ 12

となる．

例題 11.1.4

例題 11.1.3 で求めた補正トリム平均の値（J11:U11）をコピーし，セル範囲 J17:U17 へ値として貼り付けよ．

【解答】

補正トリム平均の値（J11:U11）を選択し，右クリックし，「コピー」を選択する．そして，セル J17 を右クリックし，「貼り付けのオプション」から「値」を選ぶ（表 11.3）．

表 11.3　季節指数（補正トリム平均）

季節指数											
1月	2月	3月	4月	5月	6月	7月	8月	9月	10月	11月	12月
0.79363	**0.80126**	**1.17384**	**0.92182**	**0.96781**	**0.80212**	**0.95227**	**1.32663**	**0.95204**	**1.07334**	**1.05652**	**1.17871**

例題 11.1.5

季節指数の値（J17:U17）をコピーし，F 列の「季節指数」にくり返し貼り付けよ．

【解答】

季節指数の値（J17:U17）を選択し，右クリックし，「コピー」を選択する．そして，セル F15 を右クリックし，「貼り付けのオプション」から「行/列の入れ替え」を選ぶ．

同様のことを 2020 年の分までくり返す（解答終わり，以下は説明）.

これで，各月の季節指数が求められた．これは，その月がもつ季節要因がふつうはデータにどれくらい影響を与えているのかをあらわしている．たとえば，8 月の季節指数は約 1.3 なので，この月ではふつうは移動平均より大きくなる（約 1.3 倍になる）ということである．一方，2 月の季節指数は約 0.8 なので，この月ではふつうは移動平均より小さくなる（約 0.8 倍になる）ということである.

最後に，G 列に**季節調整済み売上高合計**を求めよう．一般に，**季節調整済データ（季節調整値）**とは元のデータ（原数値）を季節指数でわることで求められるものである．つまり，この場合は「売上高合計 ÷ 季節指数」で求めることとなる（たとえば，セル G15 は「=C15/F15」で求める）.

季節調整済みデータ（季節調整値）= 元のデータ（原数値）÷ 季節指数

例題 11.1.6

G 列に季節調整済み売上高合計を求めよ．そして，2019 年 12 月の季節調整済み売上高合計を，小数第 1 位が四捨五入された整数の値で求めよ（単位：百万円）.

【解答】

季節調整済み売上高合計は，「売上高合計（原数値）÷ 季節指数」で求められるので，セル G15 に「=C15/F15」と入力し，下にオートフィルする（表 11.4 は 2019 年分のみ抜粋）.

2019 年 12 月の季節調整済み売上高合計は約 57136（百万円）であることがわかる.

表 11.4　季節調整済み売上高合計（2019 年分のみ抜粋）

年	月	売上高合計（百万円）	移動平均	季節変動値	季節指数	季節調整済み売上高合計
2019年	1月	48,659	59,688	0.81522932	**0.79363**	61312.17019
	2月	48,635	59,849	0.81262505	**0.80126**	60698.03491
	3月	70,139	60,037	1.16826939	**1.17384**	59751.87363
	4月	57,638	60,080	0.95935686	**0.92182**	62526.03597
	5月	59,385	60,290	0.98499466	**0.96781**	61360.04251
	6月	51,477	60,477	0.85118544	**0.80212**	64175.8205
	7月	56,168	60,540	0.92778456	**0.95227**	58983.02603
	8月	77,601	60,558	1.2814362	**1.32663**	58494.81594
	9月	58,084	60,793	0.9554324	**0.95204**	61009.78526
	10月	60,326	60,254	1.00119079	**1.07334**	56203.88401
	11月	62,958	60,166	1.0463977	**1.05652**	59590.182
	12月	67,346	59,868	1.12490813	**1.17871**	57135.53267

例題 11.1.7

月を横軸とし，売上高合計（原数値）の折れ線グラフ，その移動平均の折れ線グラフ，および，季節調整済み売上高合計の折れ線グラフを，同一グラフエリアにそれぞれ作成せよ．

【解答】

月と売上高合計と移動平均と季節調整済み売上高合計の 4 列分（B14:D86 と G14:G86）を選択して，挿入タブの［折れ線/面グラフの挿入］の「2-D 折れ線」の「折れ線」を選ぶ（B14:D86 と G14:G86 を選択するときは，B14:D86 を選択したあと，Ctrl キーを押しながら G14:G86 を選択する）．

売上高合計，移動平均，季節調整済み売上高合計の折れ線グラフは図 11.1 のようになる（解答終わり，以下は説明）．

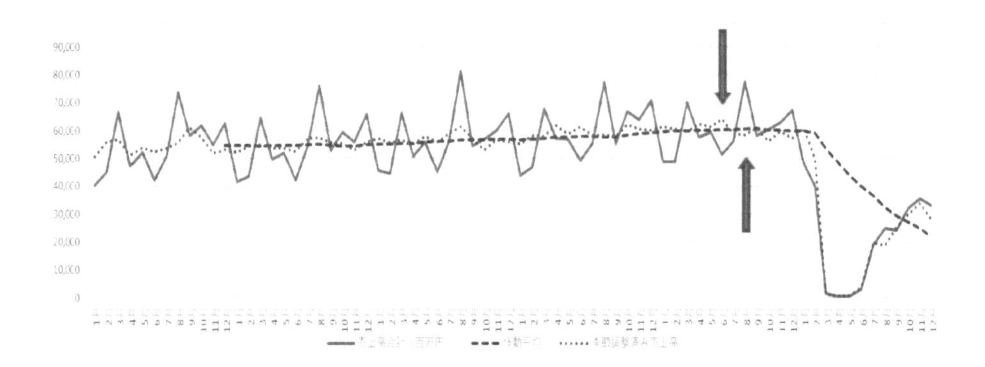

図 11.1　遊園地・テーマパークの年月別の売上高合計，その移動平均と季節調整済み売上高合計の折れ線グラフ

移動平均の折れ線グラフはなめらかになるが，季節調整済み売上高の折れ線グラフではもっと細かい動きが確認できる．

たとえば，毎年 6 月は梅雨のせいか売上高が落ち込む傾向にあるが，2019 年の 6 月の季節調整値は少し盛り上がっている．実際の値は落ち込んでいるが，梅雨の影響を取り除けば伸びているということである．

また，毎年 8 月は夏休みのためか売上高が伸びる傾向にあるが，2019 年の 8 月の季節調整値は少し落ち込んでいる．実際の値は伸びているが，夏休みであるという影響を除けば落ち込んでいるということである．

このように，季節調整には，毎年起こる周期的な変動の影に隠れた別の動きを明らかにするという働きがある．

例題 11.1.8

この翌年（2021 年）の売上高合計を予測するとき，求めた季節指数のみの影響を受けると仮定すると，最も売上高合計が大きくなるのは何月であると予想できるか答えよ．

【解答】

8 月の季節指数が一番大きいことがわかる（「表 11.3　季節指数（補正トリム平均）」参照）．よって，翌年（2021 年）の売上高合計を予測するとき，求めた季節指数のみの影響を受けると仮定すると，最も売上高合計が大きくなるのは 8 月であると予想できる（8 月の季節指数は約 1.3 なので，この月ではふつうは移動平均より大きくなる（約 1.3 倍になる）ということである）（解答終わり）．

なお，上記の例では 8 月の季節指数が一番大きいが，一般にはそうとは限らないし，冬は季節指数が小さい傾向があるとも限らないことに注意しよう．データによって傾向が異なるので，季節指数の動きもさまざまなのである．

こんどは，次の例題において，「季節変動値と季節指数の大小関係」によって，「季節調整済みデータ（季節調整値）と移動平均の大小関係」がどのように決定されるのかを確認しよう．

例題 11.2　季節調整済みデータと移動平均の大小関係を調べる

表 11.5 は季節調整を行ったあるデータの一部である．空欄の季節変動値（C 列）と季節調整済みデータ（季節調整値）（F 列）を，数式を入力することによりそれぞれ求めよ（サポートページからダウンロードできる元データ「第 11 章　ファイル 2」にデータ入力されている）．

表 11.5　季節調整済みデータ（元データ「第 11 章　ファイル 2」）

元のデータ	移動平均	季節変動値	季節指数	季節調整済みデータ
130	130		1.3	
130	130		0.8	
169	130		1.3	
104	130		0.8	

【解答】

季節変動値は「元のデータ（原数値）÷ 移動平均」であるので，セル C2 に「=A2/B2」と入力し，下にオートフィルすればいい．季節調整済みデータ（季節調整値）は「元のデータ（原数値）÷ 季節指数」であるので，セル F2 に「=A2/E2」と入力し，下にオートフィルすればいい（解答終わり，以下は説明）．

例題 11.2 の解答

元のデータ	移動平均	季節変動値		季節指数	季節調整済みデータ
130	130	**1**	<	1.3	100
130	130	**1**	>	0.8	162.5
169	130	**1.3**	=	1.3	130
104	130	**0.8**	=	0.8	130

移動平均を基準として考えているので，季節指数が 1 より大きいということは「この月でのふつうの値は基準よりも大きい」ということであり，季節指数が 1 より小さいということは「この月でのふつうの値は基準よりも小さい」ということである．

元のデータ（原数値）と移動平均が同じだとすると，季節変動値（=元のデータ ÷ 移動平均）は 1 になる．ところが，もしその月の季節指数が 1.3 だったら「この月でのふつうの値は元のデータよりも大きい」ということになり，「元のデータはこの月のわりには小さい」ということになる．つまり，「季節調整済みデータは移動平均（基準）より小さくなる」のである（「例題 11.2 の解答」の一番上のデータ参照）．

また，季節変動値は 1 であり，もしその月の季節指数が 0.8 だったら「この月でのふつうの値は元のデータよりも小さい」ということになり，「元のデータはこの月のわりには大きい」ということになる．つまり，「季節調整済みデータは移動平均（基準）より大きくなる」のである（「例題 11.2 の解答」の上から 2 番目のデータ参照）．

もし季節変動値と季節指数が同じであるならば，「元のデータはこの月でのふつうの値」ということになる．つまり，「季節調整済みデータは移動平均（基準）と同じになる」のである．これは，元のデータ（原数値）が移動平均より大きい（季節変動値は 1 より大きくなる）場合でも，元のデータ（原数値）が移動平均より小さい（季節変動値は 1 より小さくなる）場合でも，同様である（「例題 11.2 の解答」の上から 3 番目のデータと一番下のデータ参照）．

11.2 演習問題

問題 11.1

第 10 章で作成した問題 10.3 のファイルを開き，「表 10.6　ゴルフ場の年月別の売上高合計（元データ「第 10 章　ファイル 4」）」について下記の問に答えよ（サポートページからダウンロードできる元データ「第 11 章　ファイル 3」が問題 10.3 の完成例なので，それを用いてもいい）．

表 11.6　季節変動値（元データ「第 11 章　ファイル 3」）

	季節変動値												
	1月	2月	3月	4月	5月	6月	7月	8月	9月	10月	11月	12月	
2016年	0.51764	0.49977	0.79623	0.96941	1.30704	1.14497	1.19954	0.99856	1.15489	1.29689	1.06302	0.86443	
2017年	0.54924	0.46532	0.8003	1.02727	1.31966	1.2086	1.23398	1.03592	1.19088	1.15064	1.11908	0.85259	
2018年	0.53955	0.46443	0.80856	1.03817	1.28031	1.22677	1.0636	1.01042	1.0663	1.25667	1.14332	0.88684	
2019年	0.63575	0.51865	0.86526	1.02718	1.31075	1.24628	1.11687	1.03589	1.21276	1.19667	1.13951	0.85883	
2020年	0.621	0.59633	0.73196	0.55898	0.79236	0.94071	1.0958	1.25679	1.27993	1.37534	1.32489	1.04857	合計値
トリム平均													
補正トリム平均													
補正値													

問題 11.1.1

問題 10.2 で求めた季節変動値がセル J5 から U9 に表でまとめられている（表 11.6）．まとめられている季節変動値について，最大値と最小値を取り除いた月ごとのトリム平均を 10 行目（J10:U10）にそれぞれ関数で求めよ．

問題 11.1.2

問題 11.1.1 で求めた月ごとのトリム平均の合計をセル V10 に関数で求めよ．

問題 11.1.3

合計値が 12 になるように各月のトリム平均を補正したものを 11 行目にそれぞれ求めよ．求めたものの合計をセル V11 に関数で求め，12 になることを確認せよ．

問題 11.1.4

問題 11.1.3 で求めた補正トリム平均の値（J11:U11）をコピーし，セル範囲 J17:U17 へ値として貼り付けよ．

問題 11.1.5

季節指数の値（J17:U17）をコピーし，F 列の「季節指数」にくり返し貼り付けよ．

問題 11.1.6

G 列に季節調整済み売上高合計を求めよ．そして，2016 年 2 月の季節調整済み売上高合計を，小数第 1 位が四捨五入された整数の値で求めよ（単位：百万円）．

問題 11.1.7

月を横軸とし，売上高合計（原数値）の折れ線グラフ，その移動平均の折れ線グラフ，および，季節調整済み売上高合計の折れ線グラフを，同一グラフエリアにそれぞれ作成せよ．

問題 11.1.8

この翌年（2021 年）の売上高合計を予測するとき，求めた季節指数のみの影響を受けると仮定すると，最も売上高合計が小さくなるのは何月であると予想できるか答えよ．

問題 11.2

季節変動値をまとめた下記のデータ（表 11.7）について，以下の問に答えよ．なお，季節変動値を求めるために計算した移動平均の区間は 12 にしている（小数第 4 位が四捨五入された小数第 3 位までの値で求めよ）（サポートページからダウンロードできる元データ「第 11 章 ファイル 4」にデータ入力されている）．

表 11.7　季節変動値（元データ「第 11 章　ファイル 4」）

季節変動値

	1月	2月	3月	4月	5月	6月	7月	8月	9月	10月	11月	12月	
2015年	0.71	0.63	1.09	0.99	1.18	0.69	1.01	1.89	1.11	1.22	0.98	1.21	
2016年	0.7	0.66	1.21	0.11	1.13	0.87	1.11	2.01	1.13	1.23	1.21	1.17	
2017年	0.68	0.72	1.12	0.12	1.14	0.76	1.2	1.98	1.21	1.23	1.32	1.1	
2018年	0.81	0.59	1.15	0.11	1.11	0.89	1.14	1.88	1.14	1.15	1.22	0.99	
2019年	0.77	0.62	1.22	0.13	1.22	0.65	1.03	1.82	1.21	1.09	1.32	1.08	
2020年	0.73	0.56	1.08	0.1	1.08	0.59	1.04	2.13	1.2	1.23	1.28	1.25	
最大値													
最小値													合計値
トリム平均													
補正トリム平均													
補正値													

問題 11.2.1

各月の最大値と最小値を除いてトリム平均を求めるとき，10 月の値はいくつになるか答えよ．

問題 11.2.2

各月の補正トリム平均を求め，10 月の値はいくつになるか答えよ．

問題 11.3

表 11.8 のデータを一部とするデータについての季節指数（補正トリム平均）の 8 月以外の値が表 11.9 である．なお，季節変動値を求めるために計算した移動平均の区間は 12 にしている．このデータについて以下の問に答えよ（サポートページからダウンロードできる元データ「第 11 章　ファイル 5」にデータ入力されている）．

表 11.8　遊園地・テーマパーク売上高合計（元データ「第 11 章　ファイル 5」）

遊園地・テーマパーク売上高合計（百万円）		
2018年	1月	43,806
	2月	46,694
	3月	67,890
	4月	57,120
	5月	56,867
	6月	49,231
	7月	55,411
	8月	77,386
	9月	55,257
	10月	66,796
	11月	64,012
	12月	70,927
2019年	1月	48,659
	2月	48,635
	3月	70,139
	4月	57,638
	5月	59,385
	6月	51,477
	7月	56,168
	8月	77,601
	9月	58,084
	10月	60,326
	11月	62,958
	12月	67,346

表 11.9　遊園地・テーマパーク季節指数（元データ「第 11 章　ファイル 5」）

季節指数（補正トリム平均）

1月	2月	3月	4月	5月	6月	7月	8月	9月	10月	11月	12月
0.79	0.80	1.17	0.92	0.97	0.80	0.95		0.95	1.07	1.06	1.18

問題 11.3.1

8 月の季節指数を求めよ．

問題 11.3.2

2019 年 8 月の季節調整済み売上高合計（単位：百万円）を求めよ（小数第 1 位が四捨五入された整数の値で求めよ）．

問題 11.4

表 11.10 は学習塾の年月別の売上高合計（単位：百万円）をまとめたものである．このデータについて，次の問に答えよ（サポートページからダウンロードできる元データ「第 11 章　ファイル 6」にデータ入力されている）（経済産業省の特定サービス産業動態統計調査の長期データのページ
「https://www.meti.go.jp/statistics/tyo/tokusabido/result/ result_1.html」の中の「19. 学習塾」のエクセルファイル，「月・実数」シートより）．

表 11.10　学習塾の年月別の売上高合計（元データ「第 11 章　ファイル 6」）

年	月	売上高合計（百万円）
2015年	1月	42,261
	2月	28,397
	3月	34,598
	4月	30,568
	5月	25,697
	6月	28,071
	7月	39,507
	8月	49,043
	9月	35,268
	10月	33,456
	11月	34,584
	12月	50,330
2016年	1月	43,270
	2月	29,213
	3月	35,209
	4月	31,059
	5月	25,959
	6月	28,324
	7月	39,729
	8月	49,137
	9月	35,623
	10月	33,686
	11月	34,253
	12月	50,526
2017年	1月	44,186
	2月	29,333
	3月	35,179
	4月	31,635
	5月	26,192
	6月	28,912
	7月	40,144
	8月	50,106
	9月	35,525
	10月	34,449
	11月	34,850
	12月	51,063
2018年	1月	44,173
	2月	29,727
	3月	35,049
	4月	32,326
	5月	26,379
	6月	29,162
	7月	40,356
	8月	49,703
	9月	35,844
	10月	34,480
	11月	35,292
	12月	51,848
2019年	1月	44,398
	2月	29,852
	3月	35,114
	4月	32,268
	5月	27,273
	6月	29,601
	7月	41,558
	8月	50,033
	9月	37,658
	10月	34,103
	11月	35,248
	12月	51,660
2020年	1月	45,442
	2月	30,474
	3月	34,218
	4月	27,852
	5月	21,588
	6月	27,534
	7月	42,743
	8月	55,122
	9月	41,649
	10月	43,366
	11月	42,573
	12月	57,733

問題 11.4.1

月を横軸にして売上高合計の折れ線グラフを作成せよ.

問題 11.4.2

D 列に，売上高合計についての移動平均を Excel アドインのデータ分析ツールを用いて区間「12」で求めよ．そして，2019 年 12 月の移動平均値（単位：百万円）を答えよ（小数第 1 位を四捨五入して，整数の値で答えよ）.

問題 11.4.3

月を横軸とし，売上高合計（原数値）の折れ線グラフとその移動平均の折れ線グラフを，同一グラフエリアにそれぞれ作成せよ.

表 11.11　季節変動値（問題 11.5）

	季節変動値												
	1月	2月	3月	4月	5月	6月	7月	8月	9月	10月	11月	12月	
2016年	1.19975	0.80847	0.97304	0.85738	0.71616	0.78095	1.09485	1.35383	0.98069	0.92688	0.94319	1.39066	
2017年	1.21361	0.80544	0.96603	0.86756	0.71791	0.7914	1.09782	1.36723	0.96958	0.93858	0.94822	1.38766	
2018年	1.20046	0.80715	0.95193	0.87661	0.71503	0.79003	1.09276	1.34708	0.97077	0.93376	0.9548	1.40023	
2019年	1.19842	0.80556	0.94742	0.87074	0.73448	0.79639	1.11507	1.34148	1.00561	0.91144	0.94214	1.38139	
2020年	1.2123	0.81186	0.91342	0.75086	0.58952	0.75545	1.16956	1.49099	1.11651	1.13897	1.1005	1.47311	合計値
トリム平均													
補正トリム平均													
補正値													

問題 11.4.4

E 列に，売上高合計についての季節変動値を求めよ．そして，2019 年 12 月の季節変動値を，小数第 4 位を四捨五入して小数第 3 位までの値で答えよ．

問題 11.5

問題 11.4 の「表 11.10　学習塾の年月別の売上高合計（元データ「第 11 章　ファイル 6」)」について，次の作業を行え．

問題 11.5.1

作成した問題 11.4 のファイルを開き，問題 11.4.4 で E 列に求めた「売上高合計についての季節変動値」をコピーし，同じ場所に値として貼り付けよ．

問題 11.5.2

年ごとに，例題 11.5.1 で貼り付けた値をコピーし，セル範囲 J5:U9 へ行と列を入れ替えて貼り付けよ．

問題 11.6

問題 11.5 のファイルを開き，「表 11.10　学習塾の年月別の売上高合計（元データ「第 11 章　ファイル 6」)」について下記の問に答えよ．

問題 11.6.1

問題 11.4 で求めた季節変動値がセル J5 から U9 に表でまとめられている（表 11.11）．まとめられている季節変動値について，最大値と最小値を取り除いた月ごとのトリム平均を 10 行目（J10:U10）にそれぞれ関数で求めよ．

問題 11.6.2

問題 11.6.1 で求めた月ごとのトリム平均の合計をセル V10 に関数で求めよ．

問題 11.6.3

合計値が 12 になるように各月のトリム平均を補正したものを 11 行目にそれぞれ求めよ．求めたものの合計をセル V11 に関数で求め，12 になることを確認せよ．

問題 11.6.4

問題 11.6.3 で求めた補正トリム平均の値（J11:U11）をコピーし，セル範囲 J17:U17 へ値として貼り付けよ．

問題 11.6.5

季節指数の値（J17:U17）をコピーし，F 列の「季節指数」にくり返し貼り付けよ．

問題 11.6.6

G 列に季節調整済み売上高合計を求めよ．そして，2019 年 12 月の季節調整済み売上高合計を，小数第 1 位が四捨五入された整数の値で求めよ（単位：百万円）．

問題 11.6.7

月を横軸とし，売上高合計（原数値）の折れ線グラフ，その移動平均の折れ線グラフ，および，季節調整済み売上高合計の折れ線グラフを，同一グラフエリアにそれぞれ作成せよ．

問題 11.6.8

この翌年（2021 年）の売上高合計を予測するとき，求めた季節指数のみの影響を受けると仮定すると，最も売上高合計が大きくなるのは何月であると予想できるか答えよ．

第12章

度数分布表とヒストグラム

本章では，データの分布の様子を見るために，データを一定幅の小区間（階級）ごとに分けて，その小区間に入っているデータの個数（度数）をかぞえ，度数分布表を作成する．度数分布表には，各階級の度数が全度数に占める割合（相対度数），小さい階級から順に度数を加えていく累積度数，また，小さい階級から順に相対度数を加えていく累積相対度数も含まれる．

さらに，度数の分布の様子をより把握しやすくするため，度数についてのグラフ（ヒストグラム）を作成する．

第12章で学習すること

1. 階級，度数，相対度数，累積度数，累積相対度数とは何かを知る．
2. 階級，度数，相対度数，累積度数，累積相対度数を求め，度数分布表を作成する．

163	170	176	161	160	181	177	167	170	170
156	180	155	170	175	171	170	186	180	174
166	157	171	161	162	153	156	179	181	166
173	170	167	163	165	160	161	159	156	174
152	178	166	168	164	170	185	168	173	178

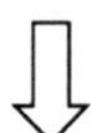

階級	度数	相対度数	累積度数	累積相対度数	
150以上155未満	2	0.04	2	0.04	
155以上160未満	6	0.12	8	0.16	
160以上165未満	9	0.18	17	0.34	
165以上170未満	8	0.16	25	0.5	←ちょうど半数
170以上175未満	13	0.26	38	0.76	
175以上180未満	6	0.12	44	0.88	
180以上185未満	4	0.08	48	0.96	
185以上190未満	2	0.04	50	1	
合計	50	1			

3. ヒストグラムを作成する．

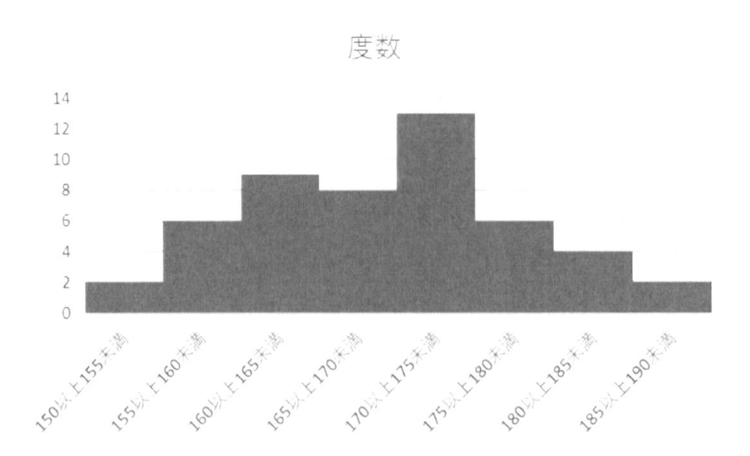

12.1　度数分布表

表 12.1 のような 50 名の学生の身長のデータ（単位：cm）があるとする（サポートページからダウンロードできる元データ「第 12 章　ファイル 1」にデータ入力されている）.

表 12.1　身長のデータ（元データ「第 12 章　ファイル 1」）

163	170	176	161	160	181	177	167	170	170
156	180	155	170	175	171	170	186	180	174
166	157	171	161	162	153	156	179	181	166
173	170	167	163	165	160	161	159	156	174
152	178	166	168	164	170	185	168	173	178

このままではどのような分布になっているのかわかりづらい．そこで，データの分布の様子を見るために，データを一定幅の小区間ごとに分けて，その小区間に入っているデータの個数をかぞえてみよう．ここで，この一定幅の小区間のことを**階級**といい，この各階級に含まれるデータの個数のことを**度数**という．

まずは，かぞえやすくするために，このデータを大きさの順に並べてみよう．

例題 12.1　度数分布表を作成する

上記の「表 12.1　身長のデータ（元データ「第 12 章　ファイル 1」）」について，以下の問に答えよ．

例題 12.1.1

データを小さい順に並べ替えよ．

【解答】

データの範囲内のどこかのセルが選択されている状態で，ホームタブの（編集グループにある）［並べ替えとフィルター］の「昇順」を選択する．

例題 12.1.2

階級を 150 以上 155 未満，155 以上 160 未満，160 以上 165 未満，165 以上 170 未満，170 以上 175 未満，175 以上 180 未満，180 以上 185 未満，185 以上 190 未満に分け，各階級の度数（データの個数）を D 列（セル D2 から D9）に求めよ．また，度数の合計をセル D10 に関数で求め，全度数（全データ数 50）になることを確かめよ．

【解答】

各階級の度数をかぞえ，それぞれ入力したあと，度数の合計をセル D10 に SUM 関数で求めると 50 になることが確認できる（解答終わり）．

次に，各階級の度数が全度数（全データ数 50）に占める割合をそれぞれ求める．これを**相対度数**という．つまり，各階級の度数を全度数でわった値が相対度数ということである．

$$\textbf{相対度数} = \frac{\textbf{各階級の度数}}{\textbf{全度数}}$$

相対度数の合計はもちろん 1 になる．

例題 12.1.3

各階級の相対度数を E 列（セル E2 から E9）にそれぞれ求めよ．また，相対度数の合計をセル E10 に関数で求め，1 になることを確かめよ．

【解答】

セル E2 には「=D2/$D$10」（または「=D2/D$10」）と入力して，セル E9 までオートフィルする．求めた相対度数の合計をセル E10 に SUM 関数で求めると 1 になることが確認できる（解答終わり）．

さらに，小さい階級から順に度数を加えていく**累積度数**と，小さい階級から順に相対度数を加えていく**累積相対度数**も求めてみよう．

例題 12.1.4

各階級の累積度数を F 列（セル F2 から F9）にそれぞれ求めよ．また，最後の階級の累積度数が全度数（全データ数 50）になることを確かめよ．

【解答】

最初の階級の累積度数は度数そのものなので，セル F2 には「=D2」と入力する．

次の階級の累積度数は，最初の階級の累積度数に次の階級の度数を加えたものなので，セル F3 には「=F2+D3」と入力すればいい．その下の階級についても同様なので，これ（F3）をセル F9 までオートフィルする．最後の階級の累積度数（F9）は全度数 50 になることが確認できる．

例題 12.1.5
各階級の累積相対度数をG列（セルG2からG9）にそれぞれ求めよ．また，最後の階級の累積相対度数が1になることを確かめよ．

【解答】

例題12.1.4で度数を累積して累積度数を求めたのと同様に，相対度数を累積して累積相対度数を求めればいい（セルG2には「=E2」と入力する．セルG3に「=G2+E3」と入力し，セルG9までオートフィルする）．ここで，最後の階級の累積相対度数（G9）は1になることが確認できる（表12.2）（解答終わり，以下は説明）．

表 12.2　身長のデータについての度数分布表

階級	度数	相対度数	累積度数	累積相対度数	
150以上155未満	2	0.04	2	0.04	
155以上160未満	6	0.12	8	0.16	
160以上165未満	9	0.18	17	0.34	
165以上170未満	8	0.16	25	**0.5**	←ちょうど半数
170以上175未満	13	0.26	38	0.76	
175以上180未満	6	0.12	44	0.88	
180以上185未満	4	0.08	48	0.96	
185以上190未満	2	0.04	**50**	**1**	
合計	**50**	**1**			

なお，累積相対度数が0.5となるときは，それまでにちょうど半数のデータが含まれているということである．165以上170未満の階級で累積相対度数が0.5となっているので，この階級までのデータ，つまり，170未満のデータは全体のちょうど半数（この場合は25個）であることがわかる．

以上のような情報を表にまとめたものを**度数分布表**という．同じデータから度数分布表をつくったとしても，階級の幅の区切り方を変えると度数も変わる可能性があることに注意しよう．また，どの階級の幅も同じにしないといけないし，最小値（この場合は152）も最大値（この場合は186）も含まれるように階級を定めないといけないことにも気をつけよう．

補足
度数をCOUNTIFS関数で求めてもいい．たとえば，150以上155未満の階級の度数は「=COUNTIFS($A$1:$A$50,">=150",$A$1:$A$50,"<155")」で求めることができる．この場合はデータを大きさの順に並べ替えなくてもいい．

12.2　ヒストグラム

度数分布表について視覚化すると，度数の分布の様子がより把握しやすくなることがある．

度数分布をグラフにしたものは**ヒストグラム**とよばれる．ヒストグラムでは，階級ごとの度数を棒の高さで表現するが，棒と棒の間隔は空けずに作成するのがふつうである．次の例題で，ヒストグラムを作成してみよう．

例題 12.2　ヒストグラムを作成する

上記の例題 12.1 で作成した度数分布表について，ヒストグラムを作成せよ．

【解答】

作成した例題 12.1 のファイルを開く．

階級と度数の 2 列（範囲 C1:D9）を選択したうえで，挿入タブの［縦棒/横棒グラフの挿入］の「2-D 縦棒」の「集合縦棒」を選択すると，階級ごとの度数をあらわす棒グラフが出てくる．

棒と棒の間隔をなくすために，棒の上で右クリック（またはダブルクリック）して「データ系列の書式設定」を出し，「要素の間隔」を「0%」にする（図 12.1）（解答終わり，以下は説明）．

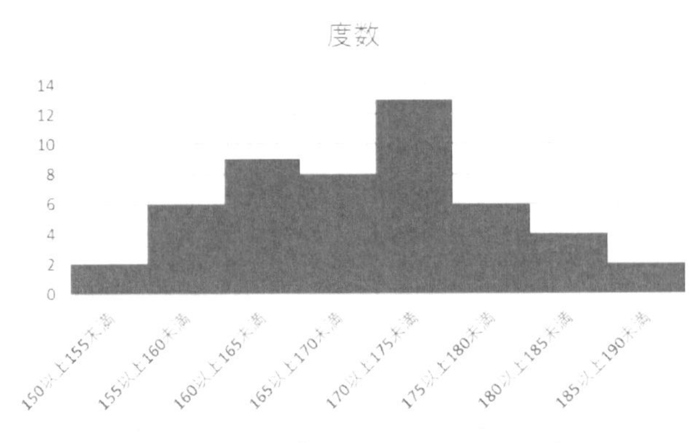

図 12.1　身長のデータについてのヒストグラム

上記のヒストグラムを見ると，山型の分布になっていることがわかる．

このように，ヒストグラムを作成することで，データ分布の特徴を視覚的に把握することができる．データのばらつき方や，データのおおよその中心的傾向（平均値，中央値，最頻値などの代表値）も把握できることがあり，外れ値を発見できることもある．

なお，ヒストグラムといわゆる棒グラフは同じ性質のグラフではないことに注意しよう．ヒストグラムでは度数（データの個数）が棒の高さになるが，棒グラフでは個々のデータのそれぞれの大きさが棒の高さになる（図 12.2）．

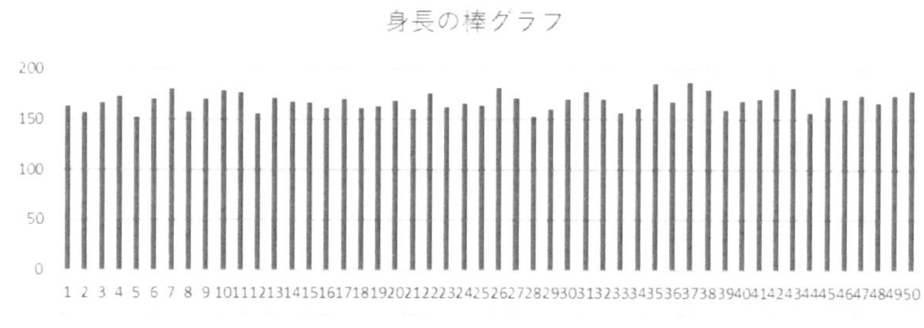

図 12.2　身長のデータについての棒グラフ

また，ヒストグラムは相関などを把握するために作成されるものではないことにも注意しよう．

例題 12.3　階級を定めて度数分布表を作成する

表 12.3 は，20 点の書籍それぞれの売上部数（単位：万部）についてのデータである．このデータについて度数分布表をつくり，ヒストグラムを作成せよ（階級の数を 5 とする）（サポートページからダウンロードできる元データ「第 12 章　ファイル 2」にデータ入力されている）．

表 12.3　書籍の売上部数についてのデータ（元データ「第 12 章　ファイル 2」）

書籍	A	B	C	D	E	F	G	H	I	J	K	L	M	N	O	P	Q	R	S	T
冊数	3.0	5.7	3.3	2.6	6.8	4.4	4.4	5.1	2.1	2.6	5.7	4.9	4.3	4.8	6.5	3.3	3.7	4.8	5.0	3.3

【解答】

① 横に並べて入力されているデータを並べ替えるには，データの範囲（この場合は B1:U2）を選択してから，ホームタブの（編集グループにある）［並べ替えとフィルター］の「ユーザー設定の並べ替え」を選択する．そして，「オプション」を選択し，「方向」を「列単位」にする．「最優先されるキー」に大きさの順に並べ替えたいデータが入力されている行番号（行 2）を指定する．

② 階級の数が 5 と指定されているので，階級をたとえば

『2.0〜3.0，3.0〜4.0，4.0〜5.0，5.0〜6.0，6.0〜7.0』

に分けることができる（これ以外の分け方でもいい）．ここで，どの階級も同じ幅であり，最小値 2.1 も最大値 6.8 も含むように階級を定める必要があることに気をつけよう．

各階級の度数をかぞえ，入力する．それらの合計が全度数（全データ数 20）になることを確認するほうがいい．

次に，各階級の度数が全度数（全データ数 20）に占める割合，つまり，相対度数をわり算で求める．

そして，（小さい階級から順に度数を加えていく）累積度数と（小さい階級から順に相対度数を加えていく）累積相対度数についても，それぞれ計算式を入力することによって求める．ここでも，最後の階級の累積度数は全度数（全データ数 20）になることと，最後の階級の累積相対

度数は 1 になることを確認しておく.

③ 次に，ヒストグラムを作成する．階級と度数の 2 列を選択したうえで，挿入タブの［縦棒/横棒グラフの挿入］の「2-D 縦棒」の「集合縦棒」を選択すると，階級ごとの度数をあらわす棒グラフが出てくる．棒と棒の間隔をなくすために，棒の上で右クリック（またはダブルクリック）して「データ系列の書式設定」を出し，「要素の間隔」を「0%」にする.

なお，以上のように作成すると，度数分布表，ヒストグラムは下記のようになるが，これらは一例であり，階級の幅の区切り方を変えると度数も変わる可能性がある.

例題 12.3 の解答

①

書籍	I	D	J	A	C	P	T	Q	M	F	G	N	R	L	S	H	B	K	O	E
冊数	2.1	2.6	2.6	3.0	3.3	3.3	3.3	3.7	4.3	4.4	4.4	4.8	4.8	4.9	5.0	5.1	5.7	5.7	6.5	6.8

②

	A	B	C	D	E	F	G	H	I	J	K	L	M	N	O	P	Q	R	S	T	U
1	書籍	A	B	C	D	E	F	G	H	I	J	K	L	M	N	O	P	Q	R	S	T
2	冊数	3	5.7	3.3	2.6	6.8	4.4	4.4	5.1	2.1	2.6	5.7	4.9	4.3	4.8	6.5	3.3	3.7	4.8	5	3.3
3																					
4	書籍	I	D	J	A	C	P	T	Q	M	F	G	N	R	L	S	H	B	K	O	E
5	冊数	2.1	2.6	2.6	3	3.3	3.3	3.3	3.7	4.3	4.4	4.4	4.8	4.8	4.9	5	5.1	5.7	5.7	6.5	6.8
6																					
7																					
8																					
9																					

	W	X	Y	Z	AA
1	階級	度数	相対度数	累積度数	累積相対度数
2	2.0 以上 3.0 未満	3	=X2/$X$7	=X2	=Y2
3	3.0 以上 4.0 未満	5	=X3/$X$7	=Z2+X3	=AA2+Y3
4	4.0 以上 5.0 未満	6	=X4/$X$7	=Z3+X4	=AA3+Y4
5	5.0 以上 6.0 未満	4	=X5/$X$7	=Z4+X5	=AA4+Y5
6	6.0 以上 7.0 未満	2	=X6/$X$7	=Z5+X6	=AA5+Y6
7	合計	=SUM(X2:X6)	=SUM(Y2:Y6)		

②

階級	度数	相対度数	累積度数	累積相対度数
2.0以上3.0未満	3	0.15	3	0.15
3.0以上4.0未満	5	0.25	8	0.4
4.0以上5.0未満	6	0.3	14	0.7
5.0以上6.0未満	4	0.2	18	0.9
6.0以上7.0未満	2	0.1	**20**	**1**

③

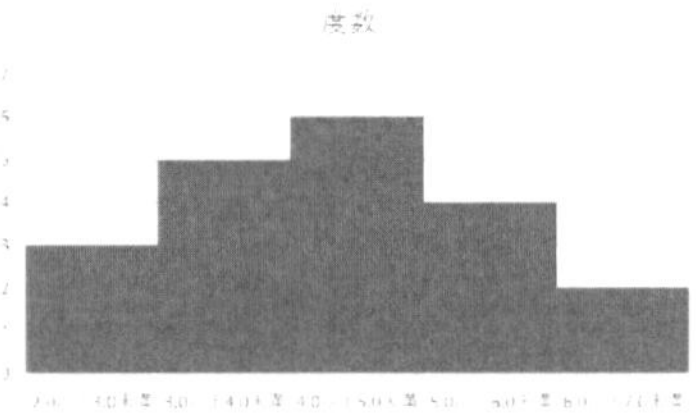

12.3　演習問題

問題 12.1

あるクラスの数学のテストの点数についての下記のデータ（表 12.4）から度数分布表をつくり，ヒストグラムを作成せよ（階級の数を 8 とする）（サポートページからダウンロードできる元データ「第 12 章　ファイル 3」にデータ入力されている）.

表 12.4　数学のテストの点数についてのデータ（元データ「第 12 章　ファイル 3」）

98	56	68	70	76	76	80	56	66	48
96	78	98	98	54	40	76	52	92	88
82	74	70	80	32	20	36	46	72	88

問題 12.2

表 12.5 はあるデータを度数分布表にあらわしたものである．空欄 A から F にあてはまる数値を求めよ（サポートページからダウンロードできる元データ「第 12 章　ファイル 4」にデータ入力されている）．

表 12.5　度数分布表（元データ「第 12 章　ファイル 4」）

階級	度数	相対度数	累積度数	累積相対度数
4.0～6.0	1	0.02	1	0.02
6.0～8.0	3	0.06	4	**E**
8.0～10.0	7	**B**	11	0.22
10.0～12.0	9	0.18	20	0.4
12.0～14.0	9	0.18	29	0.58
14.0～16.0	**A**	**C**	41	0.82
16.0～18.0	8	0.16	**D**	0.98
18.0～20.0	1	0.02	50	**F**

問題 12.3

表 12.6 はある店舗でのある商品の日にち別の売上個数（単位：個）をまとめたものである．このデータから作成したヒストグラムを以下の選択肢 1，2，3，4 から選べ．ここで，階数の「20～30」などは「20 以上 30 未満」などの意味である（サポートページからダウンロードできる元データ「第 12 章　ファイル 5」にデータ入力されている）．

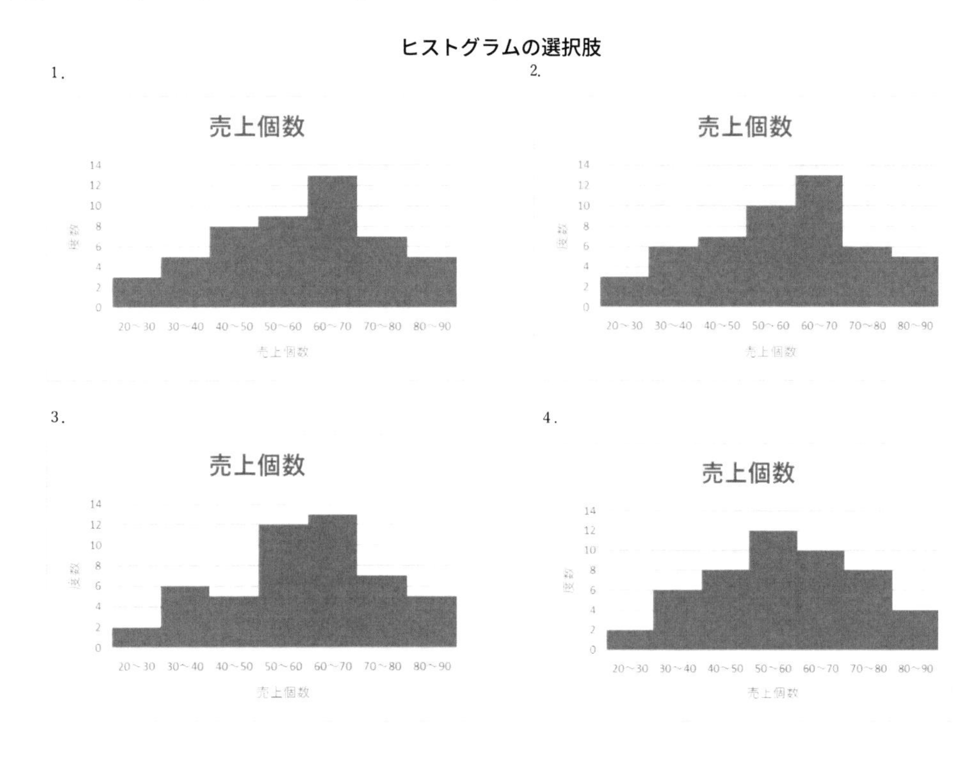

表 12.6　日にち別の売上個数についてのデータ（元データ「第 12 章　ファイル 5」）

	売上個数（個）		売上個数（個）
1日目	43	26日目	79
2日目	56	27日目	54
3日目	78	28日目	56
4日目	56	29日目	66
5日目	34	30日目	65
6日目	24	31日目	68
7日目	57	32日目	80
8日目	76	33日目	35
9日目	66	34日目	50
10日目	24	35日目	61
11日目	54	36日目	31
12日目	57	37日目	59
13日目	34	38日目	80
14日目	45	39日目	45
15日目	55	40日目	62
16日目	76	41日目	38
17日目	78	42日目	54
18日目	67	43日目	48
19日目	68	44日目	40
20日目	45	45日目	50
21日目	35	46日目	78
22日目	46	47日目	81
23日目	76	48日目	45
24日目	67	49日目	67
25日目	88	50日目	79

問題 12.4

問題 12.3 の選択肢 1 のヒストグラムを与える度数分布表（度数，相対度数，累積度数，累積相対度数を含む）を作成せよ．また，どの階級までのデータが全体のちょうど半数であるのか答えよ．

問題 12.5

表 12.7 はあるデータを度数分布表にあらわしたものである．空欄にあてはまる数値を求めよ（サポートページからダウンロードできる元データ「第 12 章　ファイル 6」にデータ入力されている）．

表 12.7　度数分布表（元データ「第 12 章　ファイル 6」）

階級	度数	相対度数	累積度数	累積相対度数
20～30		0.1	4	
30～40		0.175		0.275
40～50		0.3		0.575
60～70	9		32	
80～90	7		39	0.975
90～100		0.025	40	1

問題 12.6

表 12.8 はあるデータを度数分布表にあらわしたものである．空欄にあてはまる数値を求めよ（サポートページからダウンロードできる元データ「第 12 章　ファイル 7」にデータ入力されている）．

表 12.8　度数分布表（元データ「第 12 章　ファイル 7」）

階級	度数	相対度数	累積度数	累積相対度数
0～10				0.0625
10～20		0.125		
20～30	15			
30～40				0.475
40～50			43	
60～70			52	
80～90				0.9125
90～100	7			

第13章
集計

「量的変数と量的変数との関係」については，折れ線グラフや散布図を作成したり，相関係数を求めたりして検証を行った．また，相関があり，因果関係を想定する場合は，回帰分析を行うこともできた．一方，「質的変数と量的変数との関係」または「質的変数と質的変数との関係」については，複数の項目をかけ合わせて行うクロス集計によって検証できることがある．エクセルではピボットテーブルでクロス集計を行うことができる．

本章では，男女別または年代別にデータの平均値などの統計量を調べる演習を，ピボットテーブルを用いて行う．

第13章で学習すること

1. ピボットテーブルを使い，属性ごとの平均値を求める．

平均 / 睡眠時間（時間）	列ラベル		
行ラベル	女性	男性	総計
10代	6.666666667	5.666666667	6.166666667
20代	5	6.333333333	5.666666667
30代	6.666666667	6	6.333333333
40代	6.333333333	6.666666667	6.5
50代	8	6	7
60代	8.333333333	7.666666667	8
70代	7.666666667	6.666666667	7.166666667
総計	**6.952380952**	**6.428571429**	**6.69047619**

2. ピボットテーブルを使い，属性ごとのデータの個数を求め，行集計または列集計に対する比率を求める．

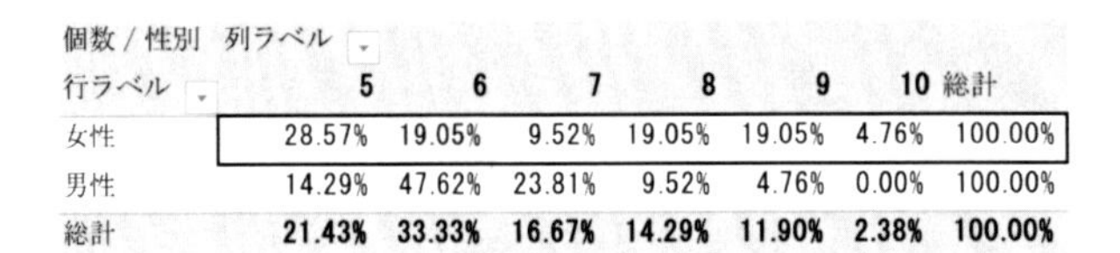

個数 / 性別	列ラベル						
行ラベル	5	6	7	8	9	10	総計
女性	28.57%	19.05%	9.52%	19.05%	19.05%	4.76%	100.00%
男性	14.29%	47.62%	23.81%	9.52%	4.76%	0.00%	100.00%
総計	**21.43%**	**33.33%**	**16.67%**	**14.29%**	**11.90%**	**2.38%**	**100.00%**

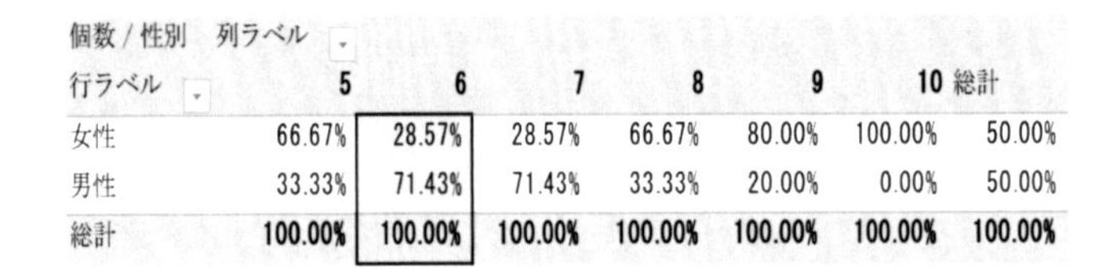

個数 / 性別	列ラベル						
行ラベル	5	6	7	8	9	10	総計
女性	66.67%	28.57%	28.57%	66.67%	80.00%	100.00%	50.00%
男性	33.33%	71.43%	71.43%	33.33%	20.00%	0.00%	50.00%
総計	**100.00%**	**100.00%**	**100.00%**	**100.00%**	**100.00%**	**100.00%**	**100.00%**

個数 / 性別	列ラベル		
行ラベル	<9	9-10	総計
女性	44.44%	83.33%	50.00%
男性	55.56%	16.67%	50.00%
総計	**100.00%**	**100.00%**	**100.00%**

3. 属性ごとのデータの個数についての 100% 積み上げ横棒のピボットグラフを作成する．

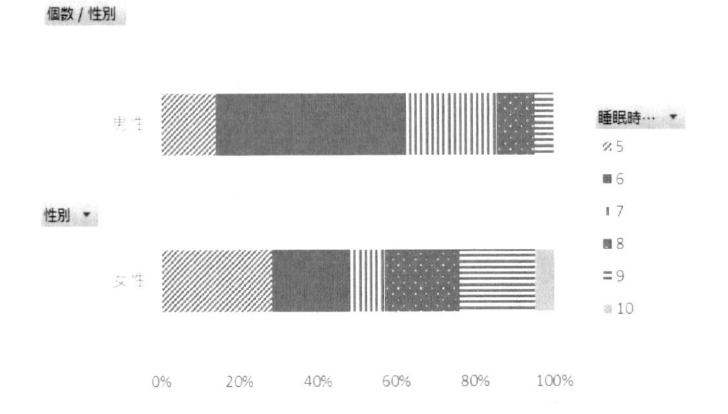

13.1 集計

表 13.1 は，性別と年代を選択したうえでの 1 日におけるインターネット利用時間（単位：分）とテレビ視聴時間（単位：分）のアンケート結果をまとめたものである（サポートページからダウンロードできる元データ「第 13 章　ファイル 1」にデータ入力されている）.

表 13.1　インターネット利用時間，テレビ視聴時間についてのデータ
（元データ「第 13 章　ファイル 1」）

番号	性別	年代	インターネット利用時間（分）	テレビ視聴時間（分）
1	男性	20代	50	30
2	男性	30代	60	40
3	女性	40代	30	210
4	女性	30代	300	0
5	男性	40代	30	60
6	男性	30代	200	30
7	男性	40代	90	70
8	女性	20代	150	30
9	女性	10代	180	60
10	女性	20代	50	40
11	女性	30代	120	60
12	男性	10代	150	0
13	男性	10代	120	30
14	女性	30代	40	120
15	女性	40代	130	100
16	女性	60代	10	350
17	女性	60代	30	300
18	女性	50代	15	180
19	女性	60代	20	250
20	男性	30代	60	100
21	男性	50代	60	30
22	女性	40代	40	170
23	男性	60代	100	150
24	男性	50代	90	120
25	男性	50代	60	100
26	男性	40代	100	50
27	女性	50代	30	250
28	男性	60代	20	120
29	女性	10代	150	50
30	女性	10代	200	10
31	男性	20代	30	100
32	女性	20代	60	30
33	男性	20代	250	0

アンケートで得られたデータに性別や年代などの情報をかけ合わせて行う集計の手法は**クロス集計**とよばれる．エクセルではクロス集計は**ピボットテーブル**で行うことができる．この場合，男女別または年代別にデータの平均値などの統計量を調べることができ，それにより，インターネット利用時間，テレビ視聴時間は性別または年代に影響されるかどうかを調べることができる．性別，年代が「原因」で，インターネット利用時間，テレビ視聴時間を「結果」という視点で見ることができるのである．

データを分析するときには原因と結果についての仮説を立てることが重要であり，結果系変数と原因系変数がそれぞれ質的変数か量的変数かによって，その検証方法が異なってくる．性別と年代は質的変数であり，インターネット利用時間とテレビ視聴時間は量的変数である．なので，たとえば，

「女性のほうが，テレビ視聴時間が長い」
「年代が下のほうが，インターネット利用時間が長い」

などという仮説は原因系が質的変数，結果系が量的変数という組み合わせである．この場合，質的変数ごとに量的変数の平均値を求めると，仮説が正しいかどうかが検討できることがある．つまり，

「性別ごとのテレビ視聴時間の平均値」
「年代ごとのインターネット利用時間の平均値」

などを求めることは，仮説が正しいか正しくなさそうかを検討することに有効である．

ちなみに，質的変数ごとに量的変数の合計を求めても，各質的変数のデータの個数が異なることがあるので，仮説が正しいかどうかの検討には使えないことがある．たとえば，

「男性のテレビ視聴時間の合計」
「女性のテレビ視聴時間の合計」

を求めたとしても，男性と女性のデータの個数がそれぞれ異なれば，その視聴時間のそれぞれの合計は

「女性のほうが，テレビ視聴時間が長い」

という仮説が正しいかどうかの検討には使えないのである．

なお，検証するデータの個数が小さいと結果の信頼性が低くなることがあることも知っておこう．また，平均値がいくつ以上離れていれば意味のある差と判断できるなどという具体的な基準が決まっているわけでもないので，属性ごとの平均値に差があるというだけで，それが意味のある差と判断してはいけないことにも気をつけよう．

一方，

「インターネット利用時間が増えると，テレビ視聴時間は減る」

などという仮説は原因系も結果系も量的変数という組み合わせである．第 6 章から第 8 章で学習したように，量的変数と量的変数との関係は，折れ線グラフや散布図を作成することにより確認できることがあった．相関係数を求めると相関の強さ（直線関係の強さ）もわかった．量的変数と量的変数との間に相関があり，さらに因果関係を想定する場合は，散布図を直線で近似しその式（回帰式）を求めることができた．そして，原因の影響の大きさや予測値を調べることもできた．

以下の例題で，まずは，「量的変数と量的変数との関係」の検証について復習しよう．そのあと，「質的変数と量的変数との関係」または「質的変数と質的変数との関係」についても検証してみよう．

例題 13.1　「量的変数と量的変数との関係」の検証（復習）

上記の「表 13.1　インターネット利用時間，テレビ視聴時間についてのデータ（元データ「第 13 章　ファイル 1」)」について，インターネット利用時間が原因で，テレビ視聴時間が結果という因果関係を想定するとき，以下の問に答えよ（サポートページからダウンロードできる元データ「第 13 章　ファイル 1」にデータ入力されている）．

例題 13.1.1

インターネット利用時間（横軸）とテレビ視聴時間（縦軸）の散布図を作成せよ.

【解答】

インターネット利用時間とテレビ視聴時間の2列分（D1:E34）を選択して，挿入タブの［散布図（x, y）またはバブルチャートの挿入］の「散布図」を選ぶ.

作成したグラフを選択した状態で，（グラフの）デザインタブの（グラフのレイアウトグループにある）［グラフ要素の追加］をクリックし，「軸ラベル」の「第1横軸」を選択すると（横）軸ラベルが出てくる.（横）軸ラベルに「インターネット利用時間（分)」と入力する.

例題 13.1.2

インターネット利用時間とテレビ視聴時間の相関係数をエクセル関数で求めよ（相関係数は小数第4位が四捨五入された小数第3位までの値で求めよ).

【解答】

入力モードを「半角英数字」にし，空いているセルに「=cor」などと入力すると，関数の候補として「CORREL」が出てくるので，ダブルクリックし選択する．すると，「=CORREL(」と入力されるので，片方の変数（インターネット利用時間）のデータが入力されているセル範囲（D2:D34）をドラッグして選択したあと，Ctrl キーを押しながらもう片方の変数（テレビ視聴時間）が入力されているセル範囲（E2:E34）をドラッグして選択する（または，セル範囲 D2:D34 をドラッグして選択したあと「,」を入力し，そのあと，セル範囲 E2:E34 をドラッグして選択してもいい)．Enter キーを押すと相関係数が計算される（セルには「=CORREL(D2:D34,E2:E34)」と入力される).

小数第3位までの表示にすると，約-0.625 であることがわかる.

例題 13.1.3

インターネット利用時間（横軸）とテレビ視聴時間（縦軸）の散布図において，線形近似の近似曲線を追加し，その式（回帰式）を求めよ（回帰式の傾きは小数第4位まで，回帰式の切片は小数第2位までの値で求めよ).

【解答】

散布図のマーカー（点）の上で右クリックして「近似曲線の追加」を選択する.「近似曲線の書式設定」において，「線形近似」が選ばれていることを確認し，「グラフに数式を表示する」に

チェックを入れる．すると，右下がりの直線に近似されることがわかる（図 13.1）．その直線の式（回帰式）は

$$y = -0.7759x + 169.31$$

であることもわかる（この式をことばで書くと，

テレビ視聴時間 = −0.7759 × インターネット利用時間 + 169.31

ということである）．

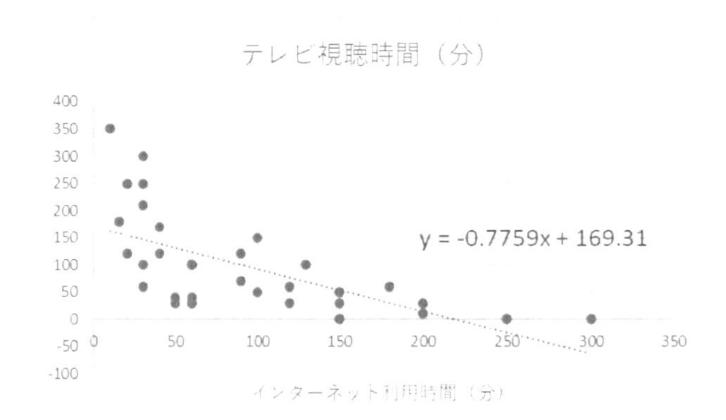

図 13.1　インターネット利用時間とテレビ視聴時間についての回帰式

例題 13.1.4

例題 13.1.3 で求めた，インターネット利用時間とテレビ視聴時間についての回帰式を使って，［インターネット利用時間 170 分のときのテレビ視聴時間の予測値］をエクセルで計算せよ（予測値は小数第 3 位までの値で求めよ）．

【解答】

例題 13.1.3 より，インターネット利用時間（x）とテレビ視聴時間（y）についての回帰式は

$$y = -0.7759x + 169.31$$

である．よって，空いているセルに「=-0.7759*170+169.31」と入力すると，［インターネット利用時間 170 分のときのテレビ視聴時間の予測値］約 37.407（分）が計算される．

例題 13.1.5

例題 13.1.3 で求めた，インターネット利用時間とテレビ視聴時間についての回帰式より，

インターネット利用時間が1分上がると，テレビ視聴時間がどれだけ減るか予測せよ（小数第4位までの値で求めよ）.

【解答】

例題13.1.3より，インターネット利用時間（x）とテレビ視聴時間（y）についての回帰式は

$$y = -0.7759x + 169.31$$

である．ここで，一般に，直線の方程式「$y = ax + b$ (a, b は定数)」において，x が1増えると y は傾き a の分だけ増える．つまり，インターネット利用時間が1分上がると，テレビ視聴時間は約-0.7759（分）だけ増える，つまり，約0.7759（分）だけ減ると予測できる．

例題 13.1.6

男女別に，インターネット利用時間とテレビ視聴時間の相関係数をエクセル関数でそれぞれ求めよ（相関係数は小数第4位が四捨五入された小数第3位までの値で求めよ）.

【解答】

男女別に分かれるようにデータの並べ替えをする．そのため，B列の性別が入力されているどこかのセルを選択した状態で，ホームタブの（編集グループにある）[並べ替えとフィルター]をクリックし，「昇順」または「降順」を選択する．男女別に，それぞれの相関係数をCORREL関数で求めればいい．

女性については約-0.742となり，男性については約-0.534であることがわかる．

例題 13.1.7

インターネット利用時間とテレビ視聴時間のそれぞれの平均値をエクセル関数で求めよ（小数第4位が四捨五入された小数第3位までの値で求めよ）.

【解答】

AVERAGE関数を使うと，インターネット利用時間の平均値は約91.667（分），テレビ視聴時間の平均値は約98.182（分）であることがわかる．

例題 13.1.8

女性についてのインターネット利用時間とテレビ視聴時間のそれぞれの平均値と，男性についてのインターネット利用時間とテレビ視聴時間のそれぞれの平均値をエクセル関数で求め

よ（女性についてのインターネット利用時間の平均値は小数第 4 位が四捨五入された小数第 3 位までの値で求めよ）．

【解答】

例題 13.1.6 より，男女別にデータが上下に分かれているので，別々に AVERAGE 関数を使うと，女性についてのインターネット利用時間の平均値は約 91.471（分），テレビ視聴時間の平均値は 130（分）であることがわかる．また，男性についてのインターネット利用時間の平均値は 91.875（分），テレビ視聴時間の平均値は 64.375（分）であることがわかる．

補足

属性ごとの平均値を AVERAGEIF 関数で求めてもいい．たとえば，女性についてのインターネット利用時間の平均値は「=AVERAGEIF($B$2:$B$34,"女性",D$2:D$34)」で求めることができる．この場合はデータを男女別に並べ替えなくてもいい．

上記の例題 13.1.8 においては，質的変数（性別）ごとに量的変数（インターネット利用時間，テレビ視聴時間）の平均値を求めているということである．このような場合，エクセルの「ピボットテーブル」を使って求めることもできる．次の例題でやってみよう．

例題 13.2　ピボットテーブルを使って属性ごとの平均値などを求める

元データ「第 13 章　ファイル 1」を開き，「表 13.1　インターネット利用時間，テレビ視聴時間についてのデータ（元データ「第 13 章　ファイル 1」）」について，以下の問に答えよ．

例題 13.2.1

女性についてのインターネット利用時間とテレビ視聴時間のそれぞれの平均値と，男性についてのインターネット利用時間とテレビ視聴時間のそれぞれの平均値を，ピボットテーブルを使って求めよ．

【解答】

元データ「第 13 章　ファイル 1」を開く（作成した例題 13．1 のファイルは使わない）．

① 表中のどこかのセルを選択した状態で，挿入タブの（テーブルグループにある）[ピボットテーブル]（の「テーブルまたは範囲から」）を選択する．「テーブル/範囲」に表全体が選択されていることを確認する．OK ボタンを押すと「ピボットテーブルのフィールド」が出てくる．

「性別」，「インターネット利用時間（分）」，「テレビ視聴時間（分）」にチェックを入れる．すると，「行」ボックスに「性別」，「値」ボックスに「合計/インターネット利用時間（分）」，「合計/テレビ視聴時間（分）」が入る．

ピボットテーブルの行（横）に性別の項目が出てきて，それぞれの項目（男女）ごとのインターネット利用時間とテレビ視聴時間のそれぞれの合計が出てくる．これらの値は「平均値」ではなく「合計」であることに注意しよう．
② そこで，「ピボットテーブルのフィールド」の「値」ボックス内の「合計/インターネット利用時間（分）」をクリックし，「値フィールドの設定」を選び，「選択したフィールドのデータ」を「平均」に変更する．「合計/テレビ視聴時間（分）」についても同様に変更すると，女性のインターネット利用時間の平均（約 91.471 分），女性のテレビ視聴時間の平均（130 分），男性のインターネット利用時間の平均（91.875 分），男性のテレビ視聴時間の平均（64.375 分），そして最後に「総計」として，全員のインターネット利用時間の平均（約 91.667 分），全員のテレビ視聴時間の平均（約 98.182 分）が表示される（これらの値は例題 13.1.7，例題 13.1.8 で求めたものと一致することが確認できる）．

例題 13.2.1 の解答

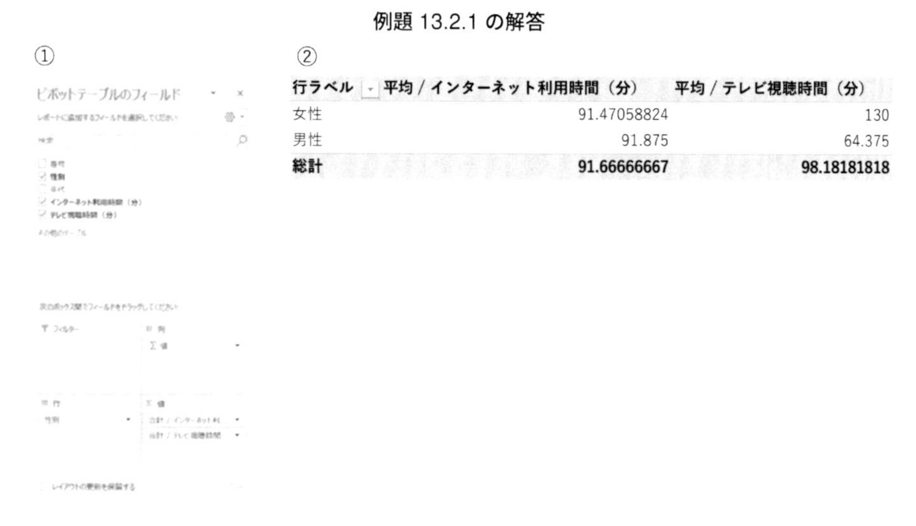

行ラベル	平均 / インターネット利用時間（分）	平均 / テレビ視聴時間（分）
女性	91.47058824	130
男性	91.875	64.375
総計	**91.66666667**	**98.18181818**

例題 13.2.2
年代別のインターネット利用時間とテレビ視聴時間のそれぞれの平均値を，ピボットテーブルを使って求めよ．

【解答】

「ピボットテーブルのフィールド」の「年代」，「インターネット利用時間（分）」，「テレビ視聴時間（分）」にチェックを入れる（これら以外にチェックが入っていたら外す）．「行」ボックスには「年代」が入る（「ピボットテーブルのフィールド」が出ていない場合には，ピボットテーブルのどこかのセルが選択されている状態で，（ピボットテーブル）分析タブの（表示グループにある）［フィールドリスト］を選択する）．

「値」ボックス内に「平均/インターネット利用時間（分）」と「平均/テレビ視聴時間（分）」が入っている状態にする（もし「値」ボックス内にあるのが「合計/インターネット利用時間

(分)」と「合計/テレビ視聴時間（分)」であれば，それぞれについてそれをクリックし，「値フィールドの設定」を選び，「選択したフィールドのデータ」を「平均」に変更する).

年代別のインターネット利用時間とテレビ視聴時間のそれぞれの平均値が表示される.

例題 13.2.2 の解答

行ラベル	平均 / インターネット視聴時間（分）	平均 / テレビ視聴時間（分）
10代	160	30
20代	98.33333333	38.33333333
30代	130	58.33333333
40代	70	110
50代	51	136
60代	36	234
総計	**91.66666667**	**98.18181818**

例題 13.2.3

年代ごとの男女別のインターネット利用時間とテレビ視聴時間のそれぞれの平均値を，ピボットテーブルを使って求めよ.

【解答】

「ピボットテーブルのフィールド」において，「年代」,「性別」の順にチェックを入れ，「インターネット利用時間（分)」,「テレビ視聴時間（分)」にもチェックを入れる.「行」ボックスには「年代」が上で「性別」が下に入る.

「値」ボックス内に「平均/インターネット利用時間（分)」と「平均/テレビ視聴時間（分)」が入っている状態にする.

年代ごとの男女別のインターネット利用時間とテレビ視聴時間のそれぞれの平均値が表示される.

例題 13.2.3 の解答

行ラベル	平均 / インターネット視聴時間（分）	平均 / テレビ視聴時間（分）
−10代	**160**	**30**
女性	176.6666667	40
男性	135	15
−20代	**98.33333333**	**38.33333333**
女性	86.66666667	33.33333333
男性	110	43.33333333
−30代	**130**	**58.33333333**
女性	153.3333333	60
男性	106.6666667	56.66666667
−40代	**70**	**110**
女性	66.66666667	160
男性	73.33333333	60
−50代	**51**	**136**
女性	22.5	215
男性	70	83.33333333
−60代	**36**	**234**
女性	20	300
男性	60	135
総計	**91.66666667**	**98.18181818**

例題 13.2.4

性別ごとの年代別のインターネット利用時間とテレビ視聴時間のそれぞれの平均値を，ピボットテーブルを使って求めよ．

【解答】

「ピボットテーブルのフィールド」において，「性別」，「年代」の順にチェックを入れ，「インターネット利用時間（分）」，「テレビ視聴時間（分）」にもチェックを入れる．「行」ボックスには「性別」が上で「年代」が下に入る．

「値」ボックス内に「平均/インターネット利用時間（分）」と「平均/テレビ視聴時間（分）」が入っている状態にする．

性別ごとに各年代についてのインターネット利用時間とテレビ視聴時間のそれぞれの平均値が表示される．

例題 13.2.4 の解答

行ラベル	平均 / インターネット利用時間（分）	平均 / テレビ視聴時間（分）
⊟女性	**91.47058824**	**130**
10代	176.6666667	40
20代	86.66666667	33.33333333
30代	153.3333333	60
40代	66.66666667	160
50代	22.5	215
60代	20	300
⊟男性	**91.875**	**64.375**
10代	135	15
20代	110	43.33333333
30代	106.6666667	56.66666667
40代	73.33333333	60
50代	70	83.33333333
60代	60	135
総計	**91.66666667**	**98.18181818**

補足

例題 13.2.3 の結果の状態からだと，「行」ボックス内の「年代」（という文字列）または「性別」（という文字列）をドラッグし移動させ，これらの上下を逆に（「性別」が上，「年代」が下に）にすれば，例題 13.2.4 の結果が得られるということである．

この場合，例題 13.2.2 で求めた（男女合わせた）年代別の平均値は表示されないが，例題 13.2.1 で求めた（全世代合わせた）男女別の平均値も表示されるようになることが確認できる．さらに，例題 13.2.3 で求めた年代ごとの男女別の平均値も表示されている．

また，この状態から，「ピボットテーブルのフィールド」の「行」ボックス内の「性別」（という文字列）をドラッグし「列」ボックス内に入れると，ピボットテーブルの行（横）に年代の項目が出てきて，それぞれの項目（年代）ごとに，列（縦）に男女別と男女合わせた全体の平均値がそれぞれ求められる．つまり，例題 13.2.2 で求めた（男女合わせた）年代別の平均値も表示され，例題 13.2.3 で求めた年代ごとの男女別の平均値も表示されるということである．さらに，例題 13.2.1 で求めた（全世代合わせた）男女別の平均値も一番下の行に表示されることが確認できる（これは例題 13.2.3 では求められていない）．ということは，最初からこれを出しておけば，例題 13.2.1～例題 13.2.3 で求められた値が一度にすべて分かったのである．

	列ラベル					
	平均 / インターネット視聴時間（分）		平均 / テレビ視聴時間（分）		全体の 平均 / インターネット視聴時間（分）	全体の 平均 / テレビ視聴時間（分）
行ラベル	女性	男性	女性	男性		
10代	176.6666667	135	40	15	160	30
20代	36.66666667	110	33.33333333	43.33333333	98.33333333	38.33333333
30代	153.3333333	106.6666667	60	56.66666667	130	58.33333333
40代	66.66666667	73.33333333	160	60	70	110
50代	22.5	70	215	83.33333333	51	136
60代	20	60	300	135	36	234
総計	**91.47058824**	**91.875**	**130**	**64.375**	**91.66666667**	**98.18181818**

この結果より，このデータにおいては，

「女性のテレビ視聴時間の平均は男性のテレビ視聴時間の平均より大きく 2 倍以上である」
「インターネット視聴時間の平均の男女差は小さい」
「年代が上がるとテレビ視聴時間の平均も上がる傾向がある」

ことなどが考えられる．

例題 13.2.5
各年代についての男女の人数をそれぞれ求めよ．

【解答】

「ピボットテーブルのフィールド」の「年代」，「性別」の順にチェックを入れる（これら以外にチェックが入っていたら外す）．「行」ボックスには「年代」が上で「性別」が下に入る．

そして，（「ピボットテーブルのフィールド」の上部にある）ボックスにチェックの入った「性別」（という文字列）をドラッグして「値」ボックスに移動させる．すると，「値」ボックスに「個数/性別」が入る．ここで，「個数」となっていることを確認しよう（または，ボックスにチェックの入った「年代」（という文字列）をドラッグして「値」ボックスに移動させてもいい．すると，「値」ボックスに「個数/年代」が入る）．

各年代についての男女の人数がそれぞれ表示される（解答終わり，以下は説明）．

なお，この状態から，「ピボットテーブルのフィールド」の「行」ボックス内の「性別」（という文字列）をドラッグし「列」ボックス内に入れると，ピボットテーブルの行（横）に年代の項目が出てきて，それぞれの項目（年代）ごとに，列（縦）に男女別と男女合わせた人数がそれぞれ求められる．また，前の状態では表示されていなかった，男女それぞれの合計人数（女性 17 人，男性 16 人）も求められている（下の表「例題 13.2.5 の説明」参照）．

例題 13.2.5 の解答

行ラベル	個数 / 性別
⊟10代	**5**
女性	3
男性	2
⊟20代	**6**
女性	3
男性	3
⊟30代	**6**
女性	3
男性	3
⊟40代	**6**
女性	3
男性	3
⊟50代	**5**
女性	2
男性	3
⊟60代	**5**
女性	3
男性	2
総計	**33**

例題 13.2.5 の説明

個数 / 性別	列ラベル		
行ラベル	女性	男性	総計
10代	3	2	5
20代	3	3	6
30代	3	3	6
40代	3	3	6
50代	2	3	5
60代	3	2	5
総計	**17**	**16**	**33**

このように，それぞれの年代の男女の人数が異なることがあるし，年代ごとの人数も異なることがあるので，項目ごとの「合計」には意味がないことがあることを知っておこう．

例題 13.3　ピボットテーブルを使って 100% 積み上げ横棒グラフを作成する

次のデータ（表 13.2）は，1 日におけるおおよその睡眠時間（単位：時間）について調査した結果である．このデータについて，以下の問に答えよ（サポートページからダウンロードできる元データ「第 13 章　ファイル 2」にデータ入力されている．

表 13.2　睡眠時間についてのデータ（元データ「第 13 章　ファイル 2」）

番号	性別	年代	睡眠時間（時間）
1	女性	30代	7
2	男性	30代	6
3	女性	20代	5
4	女性	30代	8
5	男性	50代	6
6	男性	70代	6
7	男性	10代	6
8	女性	10代	5
9	女性	20代	5
10	女性	40代	6
11	女性	40代	5
12	女性	20代	5
13	男性	70代	6
14	女性	60代	6
15	男性	70代	8
16	女性	50代	9
17	女性	60代	10
18	男性	10代	5
19	男性	30代	5
20	男性	20代	6
21	男性	60代	8
22	女性	60代	9
23	女性	70代	8
24	男性	40代	7
25	男性	20代	6
26	男性	50代	7
27	女性	10代	7
28	男性	30代	7
29	男性	50代	5
30	女性	70代	6
31	女性	10代	8
32	男性	10代	6
33	男性	60代	9
34	男性	40代	6
35	女性	40代	8
36	男性	20代	7
37	女性	30代	5
38	女性	50代	6
39	女性	70代	9
40	男性	40代	7
41	男性	60代	6
42	女性	50代	9

例題 13.3.1

女性についての睡眠時間の平均値と，男性についての睡眠時間の平均値を，ピボットテーブルを使ってそれぞれ求めよ．

【解答】

表中のどこかのセルを選択した状態で，挿入タブの［ピボットテーブル］（の「テーブルまたは範囲から」）を選択する．「テーブル/範囲」に表全体が選択されていることを確認する．OK ボタンを押すと「ピボットテーブルのフィールド」が出てくる．

「性別」,「睡眠時間（時間)」にチェックを入れる．すると,「行」ボックスに「性別」,「値」ボックスに「合計/睡眠時間（時間)」が入る．

ピボットテーブルの行（横）に性別の項目が出てきて，それぞれの項目（男女）ごとの睡眠時間の合計が出てくる．これらの値は「平均値」ではなく「合計」なので,「ピボットテーブルのフィールド」の「値」ボックス内の「合計/睡眠時間（時間)」をクリックし,「値フィールドの設定」を選び,「選択したフィールドのデータ」を「平均」に変更する．

女性の睡眠時間の平均値（約 6.95 時間）と男性の睡眠時間の平均値（約 6.43 時間）が表示される（また,「総計」として，全員の睡眠時間の平均値（約 6.69 時間）も表示される）.

例題 13.3.1 の解答

行ラベル	平均 / 睡眠時間（時間）
女性	6.952380952
男性	6.428571429
総計	**6.69047619**

例題 13.3.2
年代別の睡眠時間のそれぞれの平均値を，ピボットテーブルを使って求めよ．

【解答】
「ピボットテーブルのフィールド」の「年代」，「睡眠時間（時間）」にチェックを入れる（これら以外にチェックが入っていたら外す）．「行」ボックスには「年代」が入る．「値」ボックス内には「平均/睡眠時間（時間）」が入っている状態にする（もし「値」ボックス内にあるのが「合計/睡眠時間（時間）」であればそれをクリックし，「値フィールドの設定」を選び，「選択したフィールドのデータ」を「平均」に変更する）．

年代別の睡眠時間のそれぞれの平均値が表示される．

例題 13.3.2 の解答

行ラベル	平均 / 睡眠時間（時間）
10代	6.166666667
20代	5.666666667
30代	6.333333333
40代	6.5
50代	7
60代	8
70代	7.166666667
総計	**6.69047619**

例題 13.3.3
年代ごとの男女別の睡眠時間のそれぞれの平均値を，ピボットテーブルを使って求めよ．

【解答】
例題 13.3.2 の結果の状態から，「ピボットテーブルのフィールド」の「性別」にチェックを入れるだけでいい．

年代ごとの男女別の睡眠時間のそれぞれの平均値が表示される．

例題 13.3.3 の解答

行ラベル	平均 / 睡眠時間（時間）
−10代	**6.166666667**
女性	6.666666667
男性	5.666666667
−20代	**5.666666667**
女性	5
男性	6.333333333
−30代	**6.333333333**
女性	6.666666667
男性	6
−40代	**6.5**
女性	6.333333333
男性	6.666666667
−50代	**7**
女性	8
男性	6
−60代	**8**
女性	8.333333333
男性	7.666666667
−70代	**7.166666667**
女性	7.666666667
男性	6.666666667
総計	**6.69047619**

補足

「行」ボックス内の「性別」を「列」ボックスに移動させても見やすい．

平均 / 睡眠時間（時間）	列ラベル		
行ラベル	女性	男性	総計
10代	6.666666667	5.666666667	6.166666667
20代	5	6.333333333	5.666666667
30代	6.666666667	6	6.333333333
40代	6.333333333	6.666666667	6.5
50代	8	6	7
60代	8.333333333	7.666666667	8
70代	7.666666667	6.666666667	7.166666667
総計	**6.952380952**	**6.428571429**	**6.69047619**

例題 13.3.4

性別ごとの年代別の睡眠時間のそれぞれの平均値を，ピボットテーブルを使って求めよ．

【解答】

例題 13.3.3 の結果の状態（「行」ボックスに「年代」が上で「性別」が下に入っていて，「値」ボックスに「平均/睡眠時間（時間)」が入っている状態）から，「行」ボックス内の「年代」（という文字列）または「性別」（という文字列）をドラッグし移動させ，これらの上下を逆に（「性別」が上，「年代」が下に）にする．

すると，性別ごとの年代別の睡眠時間のそれぞれの平均値が表示される（なお，例題 13.3.3 の補足の状態はすでに例題 13.3.4 の解答にもなっている．つまり，性別ごとの年代別の睡眠時間のそれぞれの平均値が表示されている)．

例題 13.3.4 の解答

行ラベル	平均 / 睡眠時間
女性	**6.952380952**
10代	6.666666667
20代	5
30代	6.666666667
40代	6.333333333
50代	8
60代	8.333333333
70代	7.666666667
男性	**6.428571429**
10代	5.666666667
20代	6.333333333
30代	6
40代	6.666666667
50代	6
60代	7.666666667
70代	6.666666667
総計	**6.69047619**

補足

「行」ボックス内の「年代」を「列」ボックスに移動させてもいい．

平均 / 睡眠時間	列ラベル							
行ラベル	10代	20代	30代	40代	50代	60代	70代	総計
女性	6.666666667	5	6.666666667	6.333333333	8	8.333333333	7.666666667	6.952380952
男性	5.666666667	6.333333333	6	6.666666667	6	7.666666667	6.666666667	6.428571429
総計	**6.166666667**	**5.666666667**	**6.333333333**	**6.5**	**7**	**8**	**7.166666667**	**6.69047619**

例題 13.3.5

70 代の睡眠時間の最頻値を求めよ．

【解答】

「ピボットテーブルのフィールド」の「年代」と「睡眠時間（時間）」にチェックを入れる（これら以外にチェックが入っていたら外す）．「行」ボックスには「年代」が入る．

「値」ボックス内の「合計/睡眠時間（時間）」（または「平均/睡眠時間（時間）」）を「列」ボックスに移動させる．そして，（「ピボットテーブルのフィールド」の上部にある）ボックスにチェックの入った「年代」（という文字列）をドラッグして「値」ボックスに移動させる．すると，「値」ボックスに「個数/年代」が入る．

70 代の睡眠時間の最頻値は 6（時間）であることがわかる（ここで，睡眠時間が 6 時間の 70 代は 3 名いることが確認できる）．

例題 13.3.5 の解答

個数 / 年代	列ラベル						
行ラベル	5	6	7	8	9	10	総計
10代	2	2	1	1			6
20代	3	2	1				6
30代	2	1	2	1			6
40代	1	2	2	1			6
50代	1	2	1		2		6
60代		2		1	2	1	6
70代		3		2	1		6
総計	9	14	7	6	5	1	42

例題 13.3.6

女性の睡眠時間の最頻値，男性の睡眠時間の最頻値をそれぞれ求めよ．

【解答】

「ピボットテーブルのフィールド」の「性別」と「睡眠時間（時間）」にチェックを入れる（これら以外にチェックが入っていたら外す）．「行」ボックスには「性別」が入る．

「列」ボックスに「睡眠時間（時間）」が入っている状態にする（「値」ボックス内に「合計/睡眠時間（時間）」（または「平均/睡眠時間（時間）」）があれば「列」ボックスに移動させる）．そして，ボックスにチェックの入った「性別」（という文字列）をドラッグして「値」ボックスに移動させる．すると，「値」ボックスに「個数/性別」が入る．

女性の睡眠時間の最頻値は 5（時間），男性の睡眠時間の最頻値は 6（時間）であることがわかる（ここで，睡眠時間が 5 時間の女性は 6 名，また，睡眠時間が 6 時間の男性は 10 名いることが確認できる).

例題 13.3.6 の解答

個数 / 性別	列ラベル						
行ラベル	5	6	7	8	9	10	総計
女性	6	4	2	4	4	1	21
男性	3	10	5	2	1		21
総計	9	14	7	6	5	1	42

例題 13.3.7

女性のうち，睡眠時間が 6 時間である人の割合をパーセントで求めよ（小数第 3 位が四捨五入された小数第 2 位までの値で求めよ）.

【解答】

例題 13.3.6 の結果の状態において,「値」ボックス内の「個数/性別」をクリックし,「値フィールドの設定」を選び,「計算の種類」タブを選択する.「計算の種類」を「行集計に対する比率」に変更する.

すると，女性のうち，睡眠時間が 6 時間である人の割合は約 19.05% であることがわかる.

例題 13.3.7 の解答

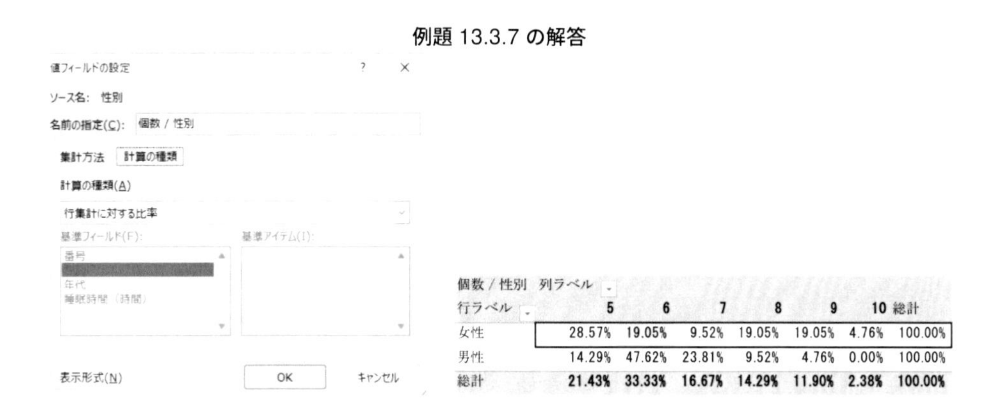

個数 / 性別	列ラベル						
行ラベル	5	6	7	8	9	10	総計
女性	28.57%	19.05%	9.52%	19.05%	19.05%	4.76%	100.00%
男性	14.29%	47.62%	23.81%	9.52%	4.76%	0.00%	100.00%
総計	21.43%	33.33%	16.67%	14.29%	11.90%	2.38%	100.00%

【別解】

例題 13.3.6 の結果より，女性は人数の合計は 21（名）であり，そのうち睡眠時間が 6 時間である人は 4 名いる.

よって，女性のうち，睡眠時間が 6 時間である人の割合は,「=4/21」で計算でき 0.19047... である. これをパーセントであらわすために 100 をかけるか，または，ホームタブの（数値グループにある）［パーセントスタイル］ボタン（%）をクリックすると，約 19.05% となることがわかる.

例題 13.3.8

睡眠時間が 6 時間である人の男女構成比をパーセントで求めよ（小数第 3 位が四捨五入された小数第 2 位までの値で求めよ）.

【解答】

例題 13.3.6 または例題 13.3.7 の結果の状態において，「値」ボックス内の「個数/性別」をクリックし，「値フィールドの設定」を選び，「計算の種類」タブを選択する．「計算の種類」を「列集計に対する比率」に変更する.

すると，睡眠時間が 6 時間である人の男女構成比は女性 約 28.57%：男性 約 71.43% であることがわかる.

例題 13.3.8 の解答

個数 / 性別	列ラベル						
行ラベル	5	6	7	8	9	10	総計
女性	66.67%	28.57%	28.57%	66.67%	80.00%	100.00%	50.00%
男性	33.33%	71.43%	71.43%	33.33%	20.00%	0.00%	50.00%
総計	100.00%	100.00%	100.00%	100.00%	100.00%	100.00%	100.00%

【別解】

例題 13.3.6 の結果より，睡眠時間が 6 時間である人の合計は 14（名）であり，そのうち女性は 4 名，男性は 10 名いる．よって，睡眠時間が 6 時間である人の男女構成比は女性 4：男性 10 である.

パーセントであらわすために，「=4/14」:「=10/14」にそれぞれ 100 をかけるか，または，ホームタブの［パーセントスタイル］ボタン（%）をクリックすると，女性 約 28.57%：男性 約 71.43% であることがわかる.

例題 13.3.9

男女別の各睡眠時間（5, 6, 7, 8, 9, 10）についてのそれぞれの人数について，100% 積み上げ横棒グラフを作成せよ.

【解答】

例題 13.3.6 または例題 13.3.7 の結果の状態において，ピボットテーブルを選択し，（ピボットテーブル）分析タブの（ツールグループにある）［ピボットグラフ］を選択する．「横棒」の「100% 積み上げ横棒」を選択する.

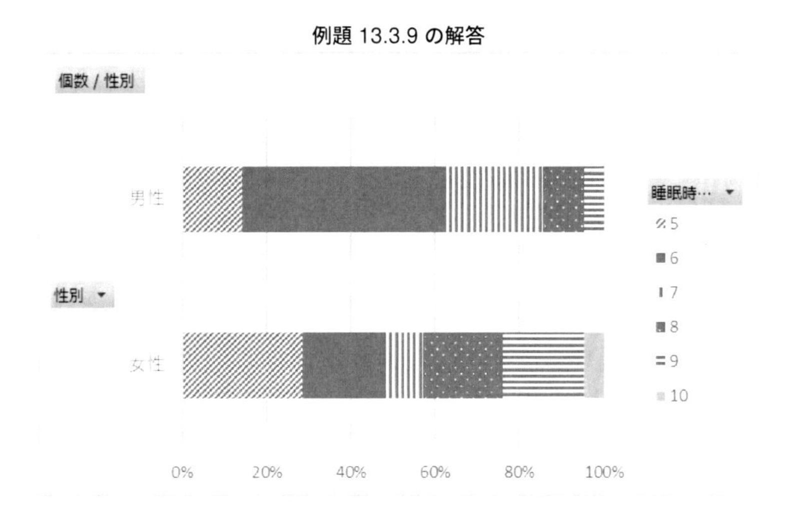

例題 13.4　ピボットテーブルにおいてデータをグループ化する

サポートページからダウンロードできる元データ「第 13 章　ファイル 2」を開き，上記（例題 13.3）の「表 13.2　睡眠時間についてのデータ（元データ「第 13 章　ファイル 2」）」について，睡眠時間が 9 時間または 10 時間である人の男女構成比をパーセントで求めよ.

【解答】

元データ「第 13 章　ファイル 2」を開く（作成した例題 13.3 のファイルは使わない).

① 表中のどこかのセルを選択した状態で，挿入タブの［ピボットテーブル］(の「テーブルまたは範囲から」) を選択する.「テーブル/範囲」に表全体が選択されていることを確認する．OK ボタンを押すと「ピボットテーブルのフィールド」が出てくる.

「ピボットテーブルのフィールド」の「性別」と「睡眠時間（時間)」にチェックを入れる（これら以外にチェックが入っていたら外す).「行」ボックスには「性別」が入る.

「値」ボックス内の「合計/睡眠時間（時間)」を「列」ボックスに移動させる．そして，ボックスにチェックの入った「性別」(という文字列）をドラッグして「値」ボックスに移動させる．すると,「値」ボックスに「個数/性別」が入る（ここまで例題 13.3.6 と同じ).

ピボットテーブルの睡眠時間の項目（最上行の 5, 6, 7, 8, 9, 10）が書かれたセルで右クリックし,「グループ化」を選択する.

② 「グループ化」ダイアログボックスが出てくるので，先頭の値を「9」，末尾の値を「10」，単位を「2」にする.

③ 「値」ボックス内の「個数/性別」をクリックし,「値フィールドの設定」を選び,「計算の種類」タブを選択する.「計算の種類」を「列集計に対する比率」に変更する.

すると，睡眠時間が 9 時間または 10 時間である人の男女構成比は女性 約 83.33%：男性 約 16.67% であることがわかる.

例題 13.4 の解答

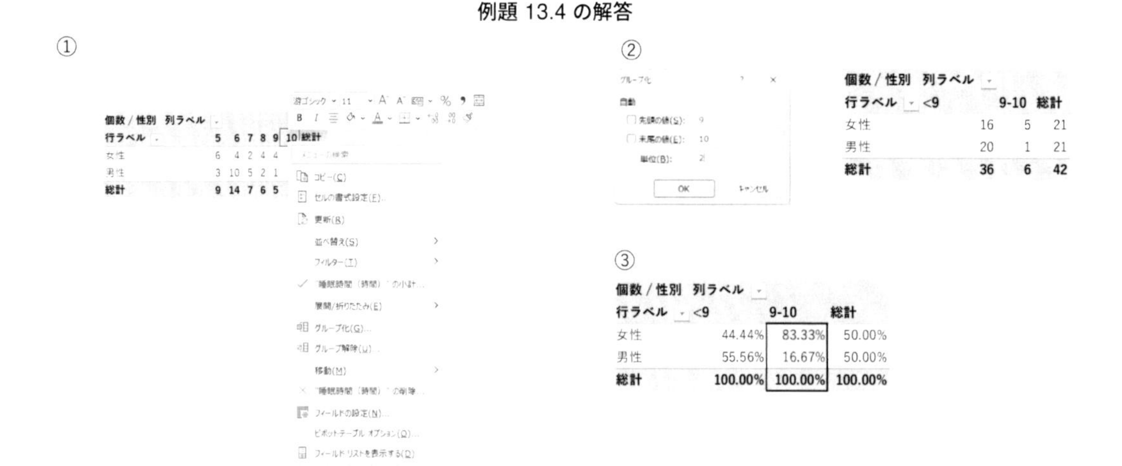

【別解】

例題 13.3.6 の結果より，睡眠時間が 9 時間または 10 時間である人の合計は 6（=5+1）（名）であり，そのうち女性は 5 名，男性は 1 名いる．

よって，睡眠時間が 9 時間または 10 時間である人の男女構成比は女性 5：男性 1 である．パーセントであらわすために，「=5/6」:「=1/6」にそれぞれ 100 をかけるか，または，ホームタブの［パーセントスタイル］ボタン (%) をクリックすると，女性 約 83.33%：男性 約 16.67% であることがわかる．

13.2　演習問題

問題 13.1

次のデータ（表 13.3）は，1 か月のスーパーに行く回数，コンビニに行く回数について調査した結果である．この結果について，スーパーに行く回数が原因で，コンビニに行く回数が結果という因果関係を想定するとき，以下の問に答えよ（サポートページからダウンロードできる元データ「第 13 章　ファイル 3」にデータ入力されている）．

表 13.3　スーパー，コンビニに行く回数についてのデータ（元データ「第 13 章　ファイル 3」）

番号	性別	年代	スーパーに行く回数	コンビニに行く回数
1	男性	10代	0	35
2	女性	30代	23	12
3	女性	30代	6	15
4	女性	60代	15	0
5	男性	50代	8	0
6	女性	50代	30	5
7	女性	60代	22	1
8	男性	10代	5	40
9	女性	40代	20	5
10	女性	20代	7	30
11	男性	20代	5	50
12	女性	50代	28	3
13	男性	60代	20	3
14	男性	40代	15	15
15	男性	10代	15	22
16	男性	30代	0	55
17	女性	20代	3	10
18	男性	50代	12	5
19	男性	50代	1	0
20	男性	60代	27	0
21	女性	10代	13	25
22	男性	20代	0	30
23	女性	40代	15	7
24	女性	60代	23	3
25	女性	50代	25	0
26	女性	10代	0	27
27	女性	30代	11	20
28	男性	40代	7	3
29	男性	30代	13	23
30	男性	30代	5	20
31	女性	20代	20	15

問題 13.1.1

「性別」,「年代」,「スーパーに行く回数」,「コンビニに行く回数」それぞれについて，質的変数か量的変数のどちらなのかを答えよ．

問題 13.1.2

スーパーに行く回数（横軸）とコンビニに行く回数（縦軸）の散布図を作成せよ．

問題 13.1.3

スーパーに行く回数とコンビニに行く回数の相関係数をエクセル関数で求めよ（相関係数は小数第 4 位が四捨五入された小数第 3 位までの値で求めよ）．

問題 13.1.4

スーパーに行く回数（横軸）とコンビニに行く回数（縦軸）の散布図において，線形近似の近似曲線を追加し，その式（回帰式）を求めよ（回帰式の傾きは小数第 4 位まで，切片は小数第 3 位までの値で求めよ）．

問題 13.1.5

問題 13.1.4 で求めた，スーパーに行く回数（横軸）とコンビニに行く回数（縦軸）についての回帰式を使って，[スーパーに行く回数が 10 回のときのコンビニに行く回数の予測値] をエクセルで計算せよ（予測値は小数第 3 位までの値で求めよ）．

問題 13.1.6

問題 13.1.4 で求めた，スーパーに行く回数（横軸）とコンビニに行く回数（縦軸）についての回帰式より，スーパーに行く回数が 1 回増えると，コンビニに行く回数がどれだけ減るか予測せよ（小数第 4 位までの値で求めよ）．

問題 13.1.7

男女別に，スーパーに行く回数とコンビニに行く回数の相関係数をエクセル関数でそれぞれ求めよ（相関係数は小数第 4 位が四捨五入された小数第 3 位までの値で求めよ）.

問題 13.2

問題 13.1 の「表 13.3　スーパー，コンビニに行く回数についてのデータ（元データ「第 13 章　ファイル 3」）」について，以下の問に答えよ（サポートページからダウンロードできる元データ「第 13 章　ファイル 3」にデータ入力されている）.

問題 13.2.1

女性のコンビニに行く回数の平均値を求めよ（小数第 3 位が四捨五入された小数第 2 位までの値で求めよ）.

問題 13.2.2

コンビニに行く回数の平均値がスーパーに行く回数の平均値より多いのはどの年代か答えよ.

問題 13.2.3

30 代の女性と 30 代の男性のスーパーに行く回数の平均値の差を正の値で求めよ（小数第 3 位が四捨五入された小数第 2 位までの値で求めよ）.

問題 13.2.4

男性のうち，コンビニに行く回数の平均値が最も大きいのはどの年代か答えよ.

問題 13.2.5

女性のうち，コンビニに行く回数が 10 回以下の人が占める割合をパーセントで求めよ.

問題 13.2.6

10 代の人のうち，スーパーに行く回数が 0 回の人の割合をパーセントで求めよ.

問題 13.2.7

スーパーに行く回数が 0 回の人のうち，10 代の人の割合をパーセントで求めよ.

第14章

外れ値

本章では，外れ値の検出の仕方について学習する．データを大きさの順に並べ替えたり，折れ線グラフや散布図を作成したりすると外れ値の検出がしやすくなることがある．

また，外れ値の存在が平均値，中央値，最頻値，相関係数などの統計量に与える影響を具体的に調べる．回帰分析における残差と外れ値との関係，データの標準化と外れ値との関係なども演習問題を通じて学習する．

第14章で学習すること

1. 外れ値とは何かを知る．
2. 外れ値の影響を受けにくい統計量は，平均値，中央値，最頻値，標準偏差のうちどれであるか調べる．
3. データを大きさの順に並べ替え，外れ値を検出する．
4. 折れ線グラフを作成し，外れ値を検出する．

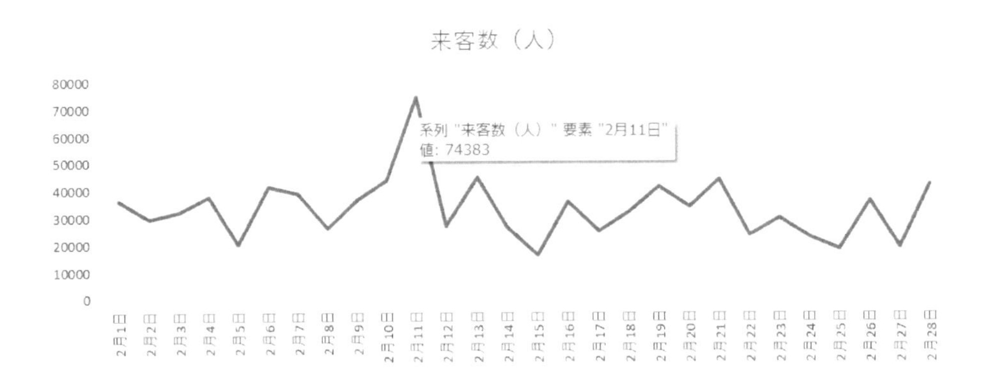

5. 標準化した値の絶対値が 1 を超えるようなデータを検出する．
6. 散布図を作成し，近似曲線を追加することによって，外れ値を検出する．

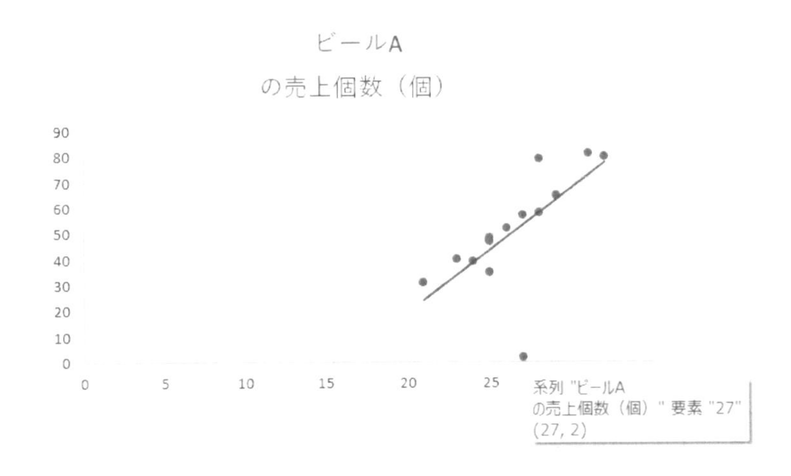

7. 外れ値が相関係数に及ぼす影響を調べたり，外れ値と回帰分析における残差との関係を調べたりする．

14.1 外れ値

外れ値とは，想定された範囲から大きく外れている極端な値であり，他の多くのデータとは異質なデータのことをいう．外れ値が発生する原因として，データが間違っていることや入力ミス，それ以外にも，機器の故障などによる重大な異常なども考えられる．最大値や最小値が必ずしも外れ値とは限らないし，さらに，データの中に他と比べて大きく離れている数値があったとしても，それが外れ値とは限らないことに注意しよう．また，たとえば，平均値の何倍ならば外れ値といっていいという決まりがあるわけでもなく，外れ値かどうかを判断する一般的な基準は決まってはいない．データによって外れ値の基準をそれぞれ設定する必要があるのである．

外れ値を検出することによって，重大なミスや不具合が見つかることもあり，不良品の検査などにも活用されている．外れ値となるデータは意味をもたないということではないことにも注意しよう．

外れ値を検出しやすくする簡単な方法としては，

・データを大きさの順に並べ替える
・散布図や折れ線グラフなどのグラフで視覚化する
・散布図に近似曲線を追加する
・折れ線グラフに補助線を追加する

などがある．そのほか，ヒストグラムを作成することによっても外れ値が見つかりやすくなることもある．

また，データを標準化すると，だいたいのデータは-1 から 1 の範囲に入るが，外れ値の可能性のある値ほど 1 より大きくなったり，-1 より小さくなったりするだろう．回帰分析を行った場合，外れ値の可能性のある値ほど残差の絶対値が大きくなることも予想される．

まずは，下記の例題で，平均値，中央値，最頻値，標準偏差のうち，外れ値の影響を受けやすいのはどれかを復習してみよう．

例題 14.1　外れ値の影響を受けやすい統計量はどれかを調べる

例題 14.1.1

100 円，150 円，150 円，150 円，200 円の 5 本の缶ビールの値段について，平均値，中央値，最頻値，標準偏差を求めよ（小数第 3 位が四捨五入された小数第 2 位までの値で求めよ）．

例題 14.1.2

100 円，150 円，150 円，150 円，2000 円の 5 本の缶ビールの値段について，平均値，中央値，最頻値，標準偏差を求めよ（標準偏差は小数第 3 位が四捨五入された小数第 2 位までの値で求めよ）．

例題 14.1.3

例題 14.1.1，例題 14.1.2 より，外れ値の影響を受けにくい統計量は，平均値，中央値，最頻値，標準偏差のうちどれであると考えられるか答えよ.

【解答】

エクセル関数で求めるときは，平均値は AVERAGE 関数，中央値は MEDIAN 関数，最頻値は MODE.MULT 関数（または MODE.SNGL 関数），標準偏差は STDEV.P 関数で求める. 下記がわかる.

例題 14.1.1

平均値：150 円，中央値：150 円，最頻値：150 円，標準偏差：約 31.62 円

例題 14.1.2

平均値：510 円，中央値：150 円，最頻値：150 円，標準偏差：約 745.25 円

例題 14.1.3

例題 14.1.1，例題 14.1.2 より，外れ値の影響を受けにくい統計量は，中央値と最頻値であると考えられる（解答終わり）.

例題 14.1 の解答

	100	100
	150	150
	150	150
	150	150
	200	2000
平均値	150	510
中央値	150	150
最頻値	150	150
標準偏差	31.62	745.25

このように，中央値や最頻値は外れ値の影響を受けにくいが，平均値は外れ値の影響を大きく受けやすい. もちろん，データのばらつきをあらわす標準偏差なども外れ値の影響を受けやすい. 外れ値はデータ解釈に影響を与えるので，外れ値の検出は重要な作業なのである.

例題 14.2　データを並べ替えて外れ値を検出する

次のデータ（表 14.1）は収穫したぶどう 1 房の重さ（単位：g）をあらわしている. 重さが 214g 未満または 425g 以上のものは出荷しないとき，出荷しないぶどうはこの中で何房あるか

答えよ（サポートページからダウンロードできる元データ「第 14 章　ファイル 1」にデータ入力されている）.

表 14.1　ぶどうの重さについてのデータ（元データ「第 14 章　ファイル 1」）

ぶどうの重さ（g）
312
342
254
367
214
417
378
301
253
213
179
207
332
346
378
344
398
428
325
376
335
243
414
425
322
275
365
347
375
326

【解答】

データの範囲内のどこかのセルを選択してから，ホームタブの（編集グループにある）［並べ替えとフィルター］の「昇順」または「降順」を選択する．重さが 214g 未満または 425g 以上のものは出荷しないので，出荷しないぶどうはこの中で 5 房あることがわかる．

例題 14.3　折れ線グラフを作成したり標準化をしたりして外れ値を検出する

表 14.2 はあるテーマパークの 1 日における来客数（単位：人）についてのデータである．このデータについて，以下の問に答えよ（サポートページからダウンロードできる元データ「第 14 章　ファイル 2」にデータ入力されている）．

表 14.2　来場者数についてのデータ（元データ「第 14 章　ファイル 2」）

日付	来客数（人）
2月1日	36385
2月2日	29440
2月3日	32142
2月4日	37717
2月5日	20421
2月6日	41553
2月7日	38887
2月8日	26155
2月9日	36628
2月10日	43930
2月11日	74383
2月12日	26901
2月13日	44802
2月14日	26570
2月15日	16336
2月16日	36113
2月17日	25129
2月18日	32283
2月19日	41689
2月20日	34176
2月21日	44178
2月22日	23638
2月23日	30094
2月24日	23068
2月25日	18469
2月26日	36257
2月27日	19305
2月28日	42126

例題 14.3.1

このデータから折れ線グラフを作成したとき，外れ値ではないかと考えられる日付を 1 つ答えよ．

【解答】

このデータから折れ線グラフを作成したとき，上に突出しているところがある（図 14.1）．そこにマウスポインタを近づけ確認すると，「要素 “2 月 11 日”，値: 74383」のデータであることがわかる．よって，外れ値ではないかと考えられる日付は 2 月 11 日である．

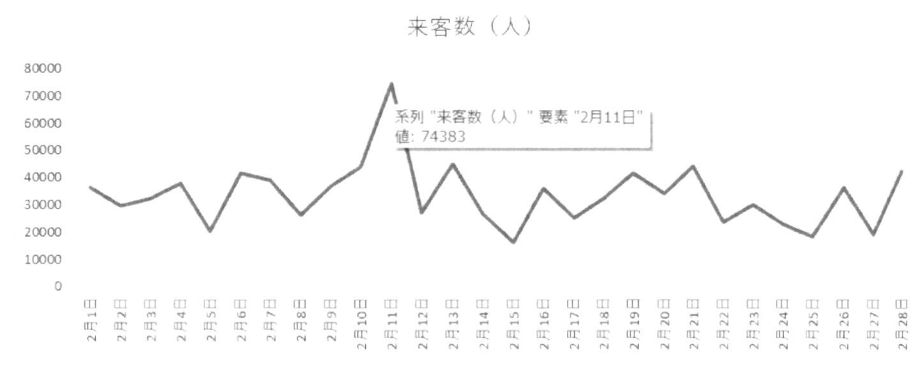

図 14.1　来場者数についての折れ線グラフ

例題 14.3.2

このデータについて標準化を行い，標準化した値の絶対値が 1 を超えるような日付をすべて答えよ．

【解答】

AVERAGE 関数で平均値，STDEV.P 関数で標準偏差を求める（平均値をセル B31 に，標準偏差をセル B32 にそれぞれ求める．平均値が約 33527.68（人），標準偏差が約 11424.03（人）であることがわかる）．

次に，（セル C2 に）「=st」などと入力し，関数の候補の一覧から「STANDARDIZE」をダブルクリックし選択する．すると，「=STANDARDIZE (」と入力されるので，標準化するデータ（B2）をクリックして指定する．続けて，「,」を入力し，平均値が計算されているセル（B31）をクリックし F4 キーを 1 回（または 2 回）押す．さらに，「,」を入力し，標準偏差が計算されているセル（B32）をクリックし F4 キーを 1 回（または 2 回）押す．Enter キーを押すと標準化した値が計算される（セル C2 には「=STANDARDIZE(B2,$B$31,$B$32)」（または「=STANDARDIZE(B2,B$31,B$32)」）と入力される）．これを下へオートフィルする（なお，標準化する際にスピルを使うなら，セル C2 に「=STANDARDIZE(B2:B29,B31,B32)」のように入力すればいい）．

標準化した値の絶対値が 1 を超えるような日付は 2 月 5 日，11 日，15 日，25 日，27 日であることがわかる（解答終わり）．

次の例題では，外れ値と回帰分析における残差との関係を調べたり，外れ値が相関係数に及ぼす影響を調べたりしてみよう（前出の作業も復習を兼ねてもう一度やってみよう）．

例題 14.3.2 の解答

C2　fx　=STANDARDIZE(B2,$B$31,$B$32)

	A	B	C	D	E	F	G
1	日付	来客数（人）	標準化				
2	2月1日	36385	0.250115096				
3	2月2日	29440	-0.35781418				
4	2月3日	32142	-0.12129511				
5	2月4日	37717	0.366711466				
6	2月5日	20421	-1.14729065				
7	2月6日	41553	0.702495008				
8	2月7日	38887	0.469127197				
9	2月8日	26155	-0.64536604				
10	2月9日	36628	0.271386055				
11	2月10日	43930	0.910565257				
12	2月11日	74383	3.576262907				
13	2月12日	26901	-0.58006507				
14	2月13日	44802	0.986895614				
15	2月14日	26570	-0.60903909				
16	2月15日	16336	-1.50487036				
17	2月16日	36113	0.226305627				
18	2月17日	25129	-0.73517676				
19	2月18日	32283	-0.10895271				
20	2月19日	41689	0.714399742				
21	2月20日	34176	0.056750695				
22	2月21日	44178	0.932273891				
23	2月22日	23638	-0.86569116				
24	2月23日	30094	-0.30056641				
25	2月24日	23068	-0.915586				
26	2月25日	18469	-1.31815861				
27	2月26日	36257	0.23891064				
28	2月27日	19305	-1.2449795				
29	2月28日	42126	0.752652455				
30							
31	平均値	33527.67857					
32	標準偏差	11424.02628					
33							

例題 14.4　外れ値が相関係数に及ぼす影響を調べる

第 6 章の「表 6.1　気温と売上個数（元データ「第 6 章　ファイル 1」)」のデータについて，以下の問に答えよ（サポートページからダウンロードできる元データ「第 6 章　ファイル 1」にデータ入力されている).

例題 14.4.1

気温（横軸）とビール A の売り上げ個数（縦軸）の散布図を作成し，近似曲線を追加することによって，外れ値ではないかと考えられるのは何日目のデータか答えよ.

【解答】

気温（横軸）とビール A の売上個数（縦軸）の散布図を作成し，近似曲線を追加すると，1 点だけ下に飛び出しているのが見える（図 14.2）．その点にマウスポインタを近づけ確認すると，気温 27 ℃，ビール A の売上個数 2（個）のデータであり，それは 11 日目のデータであることがわかる．よって，外れ値ではないかと考えられるのは 11 日目のデータである．

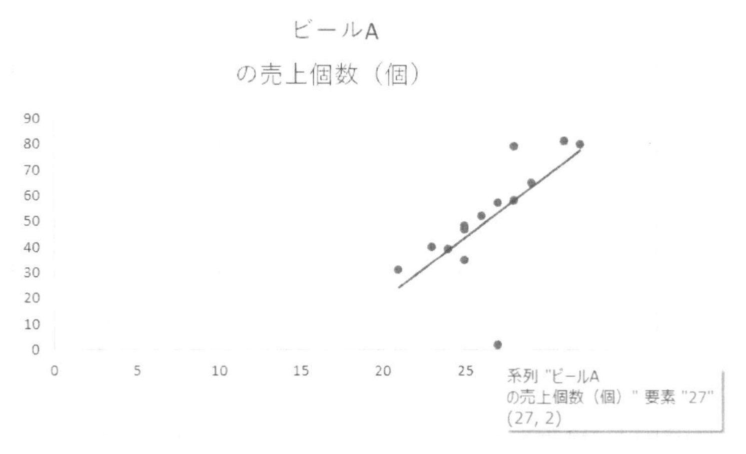

図 14.2　気温とビール A の売上個数の散布図

例題 14.4.2

気温が原因で，売上個数が結果という因果関係を想定するとき，Excel アドインのデータ分析ツールで回帰分析を行い，一番予測が外れている（残差の絶対値が一番大きい）のは何日目かを求めよ．

【解答】

データタブの（分析グループにある）［データ分析］を選択する．分析ツールの「回帰分析」を選び，「入力 Y 範囲」は結果系のデータ（この場合は「ビール A の売上個数」，C1:C15），「入力 X 範囲」は原因系のデータ（この場合は「気温」，B1:B15）とし，「ラベル」にチェックする．「残差」にもチェックを入れる．

一番予測が外れている（残差の絶対値が一番大きい）のは 11 日目（残差：約-51.438）であることがわかる（解答終わり）．

例題 14.4.1 で散布図から外れ値ではないかと考えられたデータと，例題 14.4.2 で求めた残差の絶対値が一番大きいデータは，ともに 11 日目のデータである．このデータを外れ値とする．

例題 14.4.2 の解答

観測値	予測値: ビールA の売上個数（個）	残差
1	33.93191489	6.0680851
2	43.68510638	4.3148936
3	72.94468085	8.0553191
4	53.43829787	3.5617021
5	43.68510638	-8.685106
6	38.80851064	0.1914894
7	58.31489362	-0.314894
8	77.8212766	2.1787234
9	63.19148936	1.8085106
10	58.31489362	20.685106
11	53.43829787	-51.4383
12	48.56170213	3.4382979
13	24.1787234	6.8212766
14	43.68510638	3.3148936

例題 14.4.3

もともとのデータについての気温とビール A の売上個数の相関係数と，外れ値（11 日目のデータ）を取り除いたデータについての気温とビール A の売上個数の相関係数をそれぞれ求め，比較せよ（相関係数は小数第 4 位が四捨五入された小数第 3 位までの値で求めよ）.

【解答】

① 分析ツールの「相関」を選び，「入力範囲」は気温とビール A の売上個数のデータ（B1:C15），「データ方向」を列とし，「先頭行をラベルとして使用する」にチェックする.

これより，気温とビール A の売上個数の相関係数は約 0.674 であることがわかる.

② 次に，外れ値である 11 日目のデータを削除し，上記と同様に，分析ツールの「相関」で相関係数を求める.

これより，外れ値を取り除いたデータについての気温とビール A の売上個数の相関係数は約 0.927 であることがわかる（解答終わり）.

例題 14.4.3 の解答

①

	気温（°C）	ビールAの売上個数（個）
気温（°C）	1	
ビールAの売上個数（個）	0.6738402	1

②

	気温（°C）	ビールAの売上個数（個）
気温（°C）	1	
ビールAの売上個数（個）	0.9267309	1

このように，外れ値は相関係数を大きく変化させることがある（相関を強くするとも弱くするとも限らない）．しかし，外れ値にも意味があることがあるので，安易に取り除いていいわけで

はないことに気をつけよう.

14.2 演習問題

問題 14.1

第6章の「表6.2　試験についてのデータ（元データ「第6章　ファイル2」)」について，以下の問に答えよ（サポートページからダウンロードできる元データ「第6章　ファイル2」にデータ入力されている).

問題 14.1.1

勉強時間（横軸）と点数（縦軸）の散布図を作成し，近似曲線を追加することによって，外れ値ではないかと考えられるのは何番のデータか答えよ.

問題 14.1.2

勉強時間が原因で，点数が結果という因果関係を想定するとき，Excel アドインのデータ分析ツールで回帰分析を行い，一番予測が外れている（残差の絶対値が一番大きい）のは何番のデータかを求めよ.

問題 14.1.3

もともとのデータについての勉強時間と点数の相関係数と，外れ値を取り除いたデータについての勉強時間と点数の相関係数をそれぞれ求め，比較せよ．ここで，問題 14.1.1（または問題 14.1.2）で求めたデータを外れ値とする（相関係数は小数第4位が四捨五入された小数第3位までの値で求めよ).

問題 14.2

第1章の「表1.3　学生AからFの5科目のテストの点数（元データ「第1章　ファイル1」)」のデータについて，科目ごとに標準化したうえで，標準化した値の絶対値が2を超えるのは誰のどの科目の点数かを答えよ（サポートページからダウンロードできる元データ「第1章ファイル1」にデータ入力されている).

参考文献

[1] 玄場 公規, 湊 宣明, 豊田 裕貴：「Excel で学ぶビジネスデータ分析の基礎」, オデッセイコミュニケーションズ (2016)

著者紹介

岡田 朋子（おかだ ともこ）

名古屋工業大学非常勤講師，愛知教育大学非常勤講師を経て，現在，名古屋経済大学経営学部准教授，愛知学院大学非常勤講師.
文系学生向けの統計学の講義を長年担当し，試行錯誤をくり返している.
著書にe-Learning教材「データサイエンスの基本　これから学び始めるみなさんへ」，日本データパシフィック（共著）がある.
博士（数理学）（名古屋大学）

◎本書スタッフ
編集長：石井 沙知
編集：伊藤 雅英
図表製作協力：菊池 周二
組版協力：阿瀬 はる美
表紙デザイン：tplot.inc 中沢 岳志
技術開発・システム支援：インプレス NextPublishing

●本書は『エクセルで学習するデータサイエンスの基礎―統計学演習15講―』（ISBN：9784764960565）にカバーをつけたものです。

●本書の内容についてのお問い合わせ先
近代科学社Digital　メール窓口
kdd-info@kindaikagaku.co.jp
件名に「『本書名』問い合わせ係」と明記してお送りください。
電話やFAX、郵便でのご質問にはお答えできません。返信までには、しばらくお時間をいただく場合があります。なお、本書の範囲を超えるご質問にはお答えしかねますので、あらかじめご了承ください。

エクセルで学習する データサイエンスの基礎

統計学演習15講

2024年1月31日　初版発行Ver.1.0
2024年7月26日　Ver.1.1

著　者　岡田 朋子
発行人　大塚 浩昭
発　行　近代科学社Digital
販　売　株式会社 近代科学社
〒101-0051
東京都千代田区神田神保町1丁目105番地
https://www.kindaikagaku.co.jp

印刷・製本　京葉流通倉庫株式会社
Printed in Japan

ISBN978-4-7649-0681-5

近代科学社 Digital は、株式会社近代科学社が推進する21世紀型の理工系出版レーベルです。デジタルパワーを積極活用することで、オンデマンド型のスピーディでサステナブルな出版モデルを提案します。

近代科学社 Digital は株式会社インプレス R&D が開発したデジタルファースト出版プラットフォーム "NextPublishing" との協業で実現しています。